好玩，用繪本啟動孩子閱讀力！

《寶寶聽故事》增訂版

謝明芳
清華大學幼兒教育學系副教授
盧怡方
《安可人生》雜誌後青春繪本館主編
◎著

新手父母

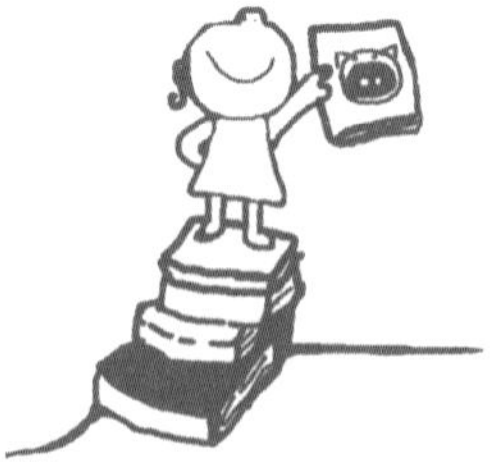

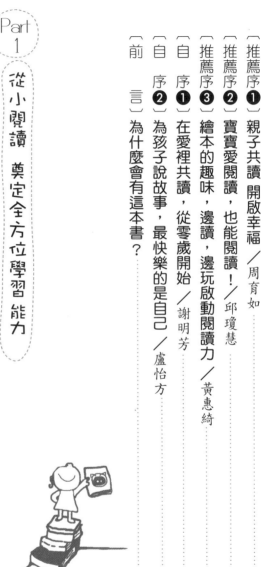

Part 2 寶寶也愛閱讀 0～3歲嬰幼兒閱讀行為

Part 3 如何為寶寶挑選繪本？

Part 4

開始親子共讀的訣竅

Part 5

繪本可以這麼讀、這樣玩

Part 6 寶寶讀繪本Q&A

〔推薦序❶〕

親子共讀 開啟幸福

文・周育如 清華大學幼兒教育學系副教授

會拿起這本書來翻閱的父母，若不是很有教育專業，就是很有福氣。

閱讀研究一直是兒童教育領域的顯學，因為已經有太多證據顯示，閱讀是啟發兒童心智最好的方法，其效果之大，對孩子各方面發展影響之廣，目前還沒有任何其他活動可與之相比擬！在國家政策的層面，目前世界各國莫不以推行閱讀教育為國家重要基礎工程，從聯合國教科文組織、歐盟、到各國的教育主管單位，為了救貧也好，為了強國也罷，全世界都卯足了力在推廣國民的閱讀。

當閱讀的重要性已到了這樣的程度，在台灣的狀況卻是令人憂心的。雖然台灣也很努力的在推行閱讀，但實際的狀況是，很多孩子到了國中小仍沒有閱讀的習慣，父母們對閱讀的體認也還很有限。二〇〇六和二〇一一的閱讀調查顯示，幼兒時期的家庭閱讀經驗對日後的閱讀能力具有關鍵的影響力，但分析結果同時也顯示，台灣家庭閱讀的起步甚晚，同時親子閱讀質量不佳。

就在此時，謝明芳老師與盧怡方老師出了這本書，推廣0到3歲的閱讀，從生命的早期就為孩子注入閱讀的活水泉源。一拿到書稿我就迫不及待的開始捧讀，邊讀邊讚嘆，啊！有這本書真是太好了，兩位老師真是為台灣的父母孩子做了一件很棒的事！

0到3歲是閱讀最重要的奠基期，卻也是父母最不知道要怎麼陪孩子共讀的困難期，嬰幼兒因為注意力短暫，因此，要建立閱讀習慣對父母來說真是一大挑戰。但這本親切又實用的好書幾乎回答了所有想陪嬰幼兒閱讀的父母可能遇到的問題，從嬰幼兒閱讀的好處、閱讀發展、如何為寶寶選書、閱讀實務教學，甚至還有父母根本就可以依樣畫葫蘆照著做的34本繪本共讀設計！只要跟著這本書的引導來做，父母可以輕輕鬆鬆的陪孩子共讀，孩子也將因此擁有心智全面開展的機會，和無價的親子美好時光！

對於這樣的一本好書，我誠摯的予以推薦！也希望父母們從今天就開始和孩子一起共讀，讓幸福的時光就此展開。

〔周育如簡介〕

現任國立清華大學幼兒教育學系副教授。曾任中央大學閱讀與學習研究室博士後研究員、「兒童生命教育專刊」主編等，現為「親子天下」專欄作家，並經常受邀擔任兒童發展及親職教育的講座。研究領域為兒童發展、親子言談與親子共讀，並致力於親子共讀之推廣。著有「聽寶寶說話：幫助0～歲幼兒建構一顆好用的腦袋！」等親職書籍，廣受好評。

〔推薦序❷〕

寶寶愛閱讀，也能閱讀！

文．邱瓊慧
國立臺北護理健康大學
嬰幼兒保育系助理教授

3歲前的小小寶貝能閱讀嗎？會閱讀嗎？答案是肯定的。因為，廣義的閱讀是不侷限或受限於僅有文字的文本，文字之外的圖像和符號，都屬閱讀的範疇。本書在「Part1 從小閱讀，奠定全方位學習能力」中破除了一般對於嬰幼兒閱讀的迷思與疑惑。

那麼，小小寶貝又是怎麼閱讀的呢？閱讀時，小小寶貝在讀什麼呢？最常想到小小寶貝與書的關係和互動，不外乎小小寶貝拿書來咬、來啃、來丟，沒看見寶貝坐下來好好看書，更不要說是看書的內容了。不過，這正是小小寶貝在閱讀時的閱讀行為。因為小小寶貝透過咬書、啃書、丟書來探索「書」——這個玩具。但是，透過成人的引導與共讀，讓小小寶貝認識和了解「書」，「書」裡有好聽的故事，還有好看和好玩的圖畫呢！本書中透過「Part2 寶寶也愛閱讀，0～3歲嬰幼兒閱讀行為」揭開嬰幼兒閱讀行為的神秘面紗。

面對這樣「無知」的、只會啃咬書的小小寶貝，該挑選什麼書才適合呢？選了書，又該怎麼跟小小寶貝一起讀呢？為小小寶貝選書，不但要適齡，而且要適性；也就是說，不但選書要符合寶貝的年紀，還要符合寶貝的合個人發展。這在「Part3 如何為寶寶挑選繪本」和「Part4 開始親子共讀的訣竅」兩個章節，可以獲得解答。為寶寶選的書，若只是共讀，那又太可惜了些。親子共讀繪本時和共讀後的延伸，更能增進親子間的情誼。當然，這也在「Part5 繪本可以這樣讀、這樣玩」中，提供了許多實用的方法。

本書描繪了嬰幼兒閱讀時的具體圖像，包括嬰幼兒閱讀時常見的閱讀行為、嬰幼兒適合閱讀的兒童文學作品類型，並提供親子共讀時可用的訣竅和方法以及在善用繪本的內容延伸變化的互動小遊戲，除了增加親子間的互動，也促進嬰幼兒的閱讀理解。本書兼具理論與實務，是新手父母值得閱讀的第一本親子共讀指南書。

〔邱瓊慧簡介〕

日本上智大學教育學博士，現任教於國立臺北護理健康大學幼保系。擔任教育部「嬰幼兒閱讀起步走」成人講座講師。專研兒童文學、繪本教學、嬰幼兒課程與教學、蒙特梭利教育。教授兒童文學，翻譯日本、澳洲等國繪本，積極推廣兒童文學、親子共讀，以及童書在嬰幼兒課程上的應用。

譯有《寶寶的第一次》（台灣麥克）、《降落傘男孩》（東方）、《弟弟不哭，ㄋㄟㄋㄟ來了》（東方）、《分享椅》（小天下）。著有《幼兒行為觀察與紀錄》（五南）、《學習困難學生與閱讀理解概論》（心理）。近年來積極推廣親子互動之相關課程，研究與專長領域涵蓋0到12歲兒童之教育，具有嬰兒游泳、嬰兒按摩、兒童按摩等國際證照。

〔推薦序③〕

繪本的趣味，邊讀，邊玩啟動閱讀力

文．黃惠綺
「惠子的日文繪本通信」版主、繪本講師、繪本譯者

一起走繪本共讀的育兒之路！

長久以來絕大多數人認同閱讀的價值，因此閱讀的推動一直是持續的社會活動，近年來更是積極鼓勵0至3歲寶寶接觸繪本，從出生就開始培養寶寶愛閱讀的習慣。

繪本是寶寶最早接觸到的書，是在生活中培育嬰幼兒美感與知感力的媒介。用繪本跟寶寶共讀，可以啟蒙他的學習認識這個世界，並且提升想像力、觀察力，對嬰幼兒階段的成長非常重要。

「Bookstart 閱讀起步走」台灣區嬰幼兒閱讀推廣活動已推行多年。從寶寶0歲就開始陪伴共讀的家長老師們，隨著孩子逐漸長大，一路感受到的繪本之力，想必是共同的經驗。比方說，當孩子在外搭乘公車時，突然指著按鈕說：「媽媽，○○故事裡面有一樣的，我們下車時要按這個鈴喔！」這種孩子將故事與生活經驗結合時的表現，就是共讀的成就。

面對還不會說話新生兒的父母與師長，心裡是否疑惑著如何為剛出生的寶寶挑選適合的讀物呢？

這本由謝明芳老師及盧怡方老師二位幼兒教育專家共同推出的新書，很適合給想了解嬰幼兒閱讀相關資訊的新手父母或是幼教界工作人員。柔軟的結合學術知識，從剛開始嬰幼兒的聆聽到觸摸書、啃咬抓撕、翻書、摸索書，或是抱著在膝上看書；進而1歲後開始會將生活經驗表現在簡單語言上；至2到3歲逐漸對繪本的內容更理解，除了圖像部分也喜愛故事情節……等階段區分搭配精選書單，及如何利用這些書在共讀時做互動來增進親子關係，內容體貼整理詳細，相信能讓在育兒之路上的家長們，在幼兒每個階段的發展上，找到適合的繪本引導幼兒的閱讀。

〔黃惠綺簡介〕

畢業於東京的音樂學校，主修電腦音樂編曲。回臺後曾任日本詞曲作家在臺經紀人。因小孩的緣故接觸了繪本，發現繪本的美好後，一發不可收拾的愛上它，並將推廣繪本閱讀作為終身志職。育有一子。目前為「惠子的日文繪本通信」版主、繪本講師、繪本譯者。

〔自序❶〕

在愛裡共讀，從零歲開始

文·謝明芳

「享受與寶寶共讀的親密時光，傾聽他閱讀的一百種聲音，翱翔於繪本裡奇幻萬千的想像世界，於是，生活如此幸福……。」

閱讀起步走

「閱讀起步走」（Bookstart）在一九九二年創始於英國。它是全球第一個國家級的閱讀方案，主要是藉由幼兒保健人員、圖書館館員或其他嬰幼兒教保專業人員，到育有一歲以下嬰幼兒的家庭進行訪視時，指導家長建立寶寶閱讀的習慣與方法，並致贈免費的圖書禮袋，內容包括厚紙本書、韻文童謠、推薦書單以及親子共讀策略指引，以培養早期閱讀的興趣與能力。研究顯示，此閱讀方案不僅提升了學童的閱讀能力以及學業成就表現，同時也連帶地提升其家人的閱讀興趣。

這樣的作法引發許多國家跟進與效法。台灣的民間組織也與地方政府合作，發放閱讀禮袋，進行閱讀活動的推廣。直到現在，嬰幼兒親子共讀已是各圖書館的常態活動了。

享受美好的親子共讀經驗

因了解到提早共讀的重要性，筆者從女兒約4個月大時，開始進行親子共讀，倘佯在閱讀從0歲開始的氛圍中。一開始也是很挫折的，因為小傢伙不太理會我，有時會把書推開、把臉撇過去、一頁還沒讀完就翻頁，甚至把繪本拿來啃等等，看似對閱讀一點興趣也沒有。

然而，我每天還是盡可能地在不同時段裡，持續進行共讀，即使她專注力與興趣僅能維持30秒也沒關係。如此持續約半年以後，逐漸地，女兒專注的時間越來越長，有時甚至可以連續共讀2至3本繪本。同時，在共讀的過程中，她也越來越有回應：像是會指出她喜歡的圖片、主動拿書希望我唸給她聽、模仿我發出聲音等。當她將近兩歲時，就能夠自己安靜且專注地翻閱她喜歡的繪本。

直到現在，女兒上國中了，閱讀各類文學作品依然是她最喜歡的活動之一，而母女間共讀一本書的習慣依然持續著。當她閱讀到一本有趣的作品時，會主動與我分享內容，並一起討論故事裡的角色與情節，有時甚至會連結到我們曾經閱讀過的繪本內容。

而每當我購買新的嬰幼兒繪本，她還是會拿來翻翻瞧瞧，並發表她對故事或圖像的看法，而她的分析與詮釋往往具有獨特的見解，讓我驚訝不已。我相信學齡前的共讀經驗確實奠定了她的閱讀興趣與理解能力。此外，我們從共讀的經驗中，也培養了對話的習慣，常從繪本中的主題聊到日常生活中的大小瑣事，母女間無話不談，我想這也算是親子間持續共讀的另一項收穫吧！

創造豐富且難忘的共讀經驗

由於親自走過從女兒嬰兒時期開始共讀的歷程，同時也在工作場域中觀察到家長與實務工作者對於學習與0至3歲嬰幼兒共讀的需求，並瞭解到提早開始進行共讀對孩子的影響與益處。因此，筆者決定將近幾年的研究心得及自身的經驗記錄下來，寫成這本書，期待能夠幫助家長、托育人員及保母一起為寶寶創造豐富且難忘的共讀經驗。這本書根基於以下幾個重要理念：

①在充滿愛與愉悅的氣氛下進行共讀

雖然共讀經驗的建立，有助於提升閱讀能力，並進而影響學業成就表現，但閱讀不應僅僅是為了功利性的目的，從共讀中享受親子互動的親密感，翱翔在繪本的想像世界裡，反而是支撐孩子樂於閱讀、持續閱讀的最佳動力。所以，我們不需強迫嬰幼兒一定得乖乖坐好閱讀，可以善用本書提供的各種策略並搭配小遊戲，吸引寶寶的注意力，讓他們感受到與家人或老師共讀是一件多麼愉快的事情。

②深度閱讀繪本中文字與圖像共構的美好

在閱讀一本優美精鍊的繪本時，除了跟隨文字描述進入真實動人的故事情節外，圖像畫面用以詮釋文字而營造出想像創造的空間，往往能夠提供賞心悅目的視覺經驗，以吸引讀者的情感與目光跟著故事走下去。因此，在陪伴嬰幼兒共讀時，可以引導嬰幼兒注意圖像裡的小細節，或許就能發現插畫家所隱藏的小秘密。

③在互動討論中培養嬰幼兒的閱讀力

許多研究皆顯示互動式的閱讀討論，能夠引導小讀者更深入地思考繪本所傳遞的意涵，即使是對於0至3歲的嬰幼兒，成人也可以鼓勵他們在共讀過程中參與討論，像是回答簡單的問題，指出特定的圖片、猜一猜下一頁會發生什麼有趣的情節、想一想他們在生活中是否也曾經歷過繪本中類似的經驗等等。這些小小的策略，都有助於奠定未來的深度閱讀能力。

④強調讀者的主權

過去我們在談論文學作品時，多是強調讀者應去理解作者的觀點，他為什麼寫出這樣的內容，隱含的寓意為何。然而，隨著讀者反應理論的興起，作者的想法不再是分析作品的唯一權威，相反的，讀者被賦與了閱讀的主權，因為每個人的成長經驗、文化背景、教育程度都不相同，在閱讀同一本作品時，自然會有不同的感動與共鳴，也會有不同的詮釋。因此，我們在引導嬰幼兒閱讀繪本時，不宜只從大人的角度灌輸繪本單一的功能或目的，可以更仔地細地觀察或聆聽嬰幼兒對於繪本的偏好，並鼓勵他們透過各種形式（語言、肢體動作、繪畫等）分享自己閱讀繪本後的想法。

致謝

這本書能夠順利地完成，首先要感謝盧怡方老師參與共同寫作的工作，在撰寫的過程中，我們不斷地討論並閱讀新的文獻。這樣同儕間的合作，對我個人而言，是一段奇妙美好的經驗。還要感謝四季藝術幼兒園的廖誼韓老師，她為這本書繪製了非常生動活潑的插圖。此外，感謝國立台北護理健康大學嬰幼兒保育系的邱瓊慧老師、國立新竹教育大學幼兒教育學系的周育如老師、日文繪本講師（童書譯者）黃惠綺小姐及在地合作社繪本職人賴嘉綾小姐，在百忙之中，仍為本書撰寫推薦序及推薦。最後，感謝主編陳雯琪小姐幫助我們完成出書。

〔謝明芳簡介〕

- 美國印第安那大學課程與教學博士
- 清華大學幼兒教育學系副教授
- 曾任清華大學幼兒教育學系主任
- 研究專長為幼兒語文教育、發展適性教學、幼兒觀點探究

〔自序❷〕

為孩子說故事，最快樂的是自己

文．盧怡方

「陪著寶寶慢慢讀，天天讀，盡情享受甜蜜的親子共讀時光。有一天您會發現，故事在寶寶的小腦袋裡，生了根、發了芽，他會指著樹上鳥兒，唱出您曾為他唸的童謠；他會抱著小狗布偶，說出您曾為他讀的故事，那時，您將體驗到前所未有的美好。」

若問我：「生命中最美好的禮物是什麼？」那肯定就是「書！」若問我：「生命中最重要的能力是什麼？」我會毫不考慮地說：「閱讀！」正因為親身體驗過閱讀的魅力，所以我樂意作為「閱讀」的傳教者，四處敲鑼打鼓宣揚閱讀的美好。

二〇一二年美國奧斯卡金像獎最佳短篇動畫得獎作品：The Fantastic Flying Books of Mr. Morris Lessmore 細緻地描繪出「人與書，書與人」彼此交流、互動的情景，為「人」「書」之間的共生關係做了最佳的詮釋。人因為投入閱讀，穿越進入書中世界，隨著圖文節奏，情緒時而悲喜交織，時而恐懼、發怒，宛若經歷一場奇幻冒險，單調的生命因此增添豐富的色彩。書因為被閱讀、被愛護，於是展現其存在的價值，這才有了澎湃躍動的心跳，不再只是陳列架上的裝飾品。人與書共舞、共享樂音、共同經驗生活裡大大小小的故事，因著彼此的付出與獲得，成為一生的摯友，代代傳承，明日世界才得以延續、美麗。

「為孩子說故事」便是為孩子與書搭起一座友誼的橋梁，這搭橋梁的工程已成為我生命中最重要也最愉快的任務之一。自二〇〇五年親子館的故事表演工作到今日（2015年）醫院、學校、書店的故事志工，每回的共讀時光總能在孩子眼裡看見驚奇的光芒，那一張張滿足的笑臉已成為滋養我心靈的泉源，為忙碌平凡的生活帶來繽紛香甜的氣味，讓流失能量的腦袋再度充飽滿滿電力。

從挫折與研究行動中，找到最自在的共讀方式

其實，在提筆撰寫本書之前，我對於為0～3歲嬰幼兒說故事也曾有不小的挫折。過去，每當我與小寶寶共讀時，他們經常

無法聽我讀完一本書，有時是寶寶的注意力很容易從共讀情境中轉移；有時是寶寶會爬到我身旁，想要動手翻閱正在共讀的繪本，此時家長多會擔心干擾共讀活動進行，便主動將寶寶帶離共讀現場。每每面對這樣的情況總是讓我感到無力，直到經歷3年多的學術研究，從閱讀科學文獻、觀察現場嬰幼兒的閱讀反應以及訪問台灣重要的閱讀推手，這才逐漸形成個人對0～3歲嬰幼兒閱讀的想法。

0～3歲的寶寶是憑藉著全身感官在學習，一切的探索從身體出發，以遊戲的形式體驗各種未知的事物。對於學習閱讀也是同樣的歷程，「一本書」就是一件玩具，寶寶用耳聽、用眼看、用手觸、用嘴嚐……有時甚至小腳丫也會湊上一腳。因此，大人在陪伴寶寶共讀時，也可以盡情地讓各種可能發生。例如：有時用充滿節奏、韻律的聲音為寶寶朗讀；有時牽起寶寶的手指一指圖畫裡的小動物；有時讀到故事裡說：「肚子餓扁了」，大人可以伸手輕撫寶寶的肚子，等到寶寶再長大些，讀完故事還可以一起玩延伸活動（藝術、科學、體能……），和寶寶一起在閱讀中延伸遊戲，在遊戲中深化閱讀，藉由共讀共玩讓親子（師生）體驗有層次的閱讀的饗宴。

在經歷這趟學術理論與現場實務的洗禮後，我發現與小寶寶共讀其實並不困難，只要懷著共享的心意，帶著「我們一起來玩」的想法，美好的繪本自然會拓展寶寶的感知，建立與遼闊世界的連結。大人啊！要對自己有信心，因為最瞭解如何與寶寶說話、互動的，正是最親近寶寶的您（父母、保母以及機構托育人員），所以只要建立正確的共讀觀念、掌握選書的基本原則，再加上操練好玩的共讀技巧，每位大人肯定都能自在地與寶寶共享閱讀樂趣，寶寶也能從您的身上感受到愛與溫暖的呵護。

滿滿的感謝

回顧這十幾年的說書生涯，能夠持續走在閱讀推廣的路上，我由衷地感謝每一位曾經啟蒙我、引領我，同時也鼓勵我、支持我的老師們！感謝清華大學幼兒教育學系江麗莉老師從大學時期為我種下愛繪本、愛說故事的小種子；感謝清華大學幼兒教育學系謝明芳老師帶領我踏實地經歷學術研究的各個階段；感謝曾任新竹教育大學幼兒教育學系周婉湘老師拓展我閱讀繪本的多元視野；感謝貓頭鷹親子教育協會李苑芳老師與兒童文學金鼎獎作家幸佳慧老師無私地傾囊相授，使我更加瞭解閱讀的可能性與寬廣性。更感謝每一位曾經和我一起徜徉在繪本暖洋的大大小小們，因為你們幫助我看見孩子的成長，讓我更加有動力、有信心繼續為孩子一直一直說故事。

〔盧怡方簡介〕

- 國立新竹教育大學幼兒教育學系　碩士
- 《安可人生》雜誌　後青春繪本館主編
- 曾任清華大學幼兒教育學系　兼任講師
- 曾任微笑星球親子文化藝術有限公司　親子館館長
- 繪本出版：《骨頭島》、《阿墨的故事屋》、《寵物離家記》
- 個人臉書：
https://www.facebook.com/profile.php?id=100000198105208

〔前言〕為什麼會有這本書？

隨著「0～3歲閱讀起步走」運動的推行，我們注意到從嬰兒時期開始共讀的重要性。許多研究指出，嬰幼兒的早期共讀經驗，對其日後的語言發展、閱讀理解以及未來課業學習，都有關鍵性的影響力。因此，家長對於從零歲開始就可以和寶寶共讀的觀念愈發認同。不過，雖然家長瞭解與嬰幼兒共讀的重要性，但在實際進行親子共讀時，卻因為經常面臨各種挑戰，以至於降低長期且穩定親子共讀的意願。

筆者長期在實務現場帶領親子共讀活動，經常聽到家長的疑惑與焦慮：「我的孩子1歲多，可以看什麼書？」、「他看書都不專心，講一、兩頁就跑掉了，這樣怎麼辦？」、「小寶寶聽得懂嗎？可以參加說故事活動嗎？」……的確，面對注意力集中時間短暫的寶寶，可能家長才剛開始讀了幾頁，寶寶的注意力就轉移到他處，甚至可能離開共讀情境，此時該如何重新吸引寶寶對書籍的興趣？又或者家長自身對書籍資訊不夠了解，一方面不知可以選擇哪些合適的書籍，另一方面也沒能掌握書籍內容的重點、特色，所以不知道該如何運用手中的書籍提升寶寶各項能力發展？種種因素使得家長在陪伴寶寶共讀的路上產生不小的挫折，甚至可能就此放棄，這真是非常可惜。

另一方面，由於現代家長工作繁忙，很多寶寶一出生就送到保母家或是托嬰中心，因而也期待保母及托育人員能夠負擔起陪伴寶寶共讀的責任。然而，在現場觀察的經驗發現，經過專業訓練的托育人員，雖然樂意與寶寶進行共讀活動，但挑選的繪本不一定適合寶寶的年齡發展（太難或太簡單），或者僅使用特定的共讀策略，或者為了掌握整體秩序，僅在共讀時間才提供寶寶繪本閱讀，其他時間則把繪本束之高閣。

因為真實接觸過現場，所以深知家長或托育人員不是不願意陪伴嬰幼兒共讀，而是不知該從何下手？不知該怎麼和嬰幼兒共讀？或者不明白各類共讀策略背後的意義。因此，除了在共讀活動現場的親身示範外，筆者也希望將近十年累積的故事展演經驗與共讀策略研究心得，藉由本書的介紹，將兼具理論與實務的帶讀方法與家長和托育人員分享、交流。

本書分為六個篇章，第一部分從科學研究角度說明早期共讀對寶寶在各領域發展上的實質效益，幫助家長了解從〇歲開始共讀的重要性；第二部分說明0～3歲嬰幼兒的閱讀行為發展，幫助家長認識各階段寶寶如何透過感官探索書籍、如何連結書籍與生活經驗，建立基礎認知概念。家長若能了解寶寶的閱讀特性，共讀時才會以寶寶為中心，隨時注意寶寶的反應，提供適當的共讀支持，也能自然而然增加親子共讀的美好經驗；第三部分介紹為寶寶挑選合適書籍的原則，除了從繪本的材質、主題與其他特殊設計等面向整體認識繪本，更整理出挑選寶寶書的五大基本原則，提供家長作為選書時的參考依據；第四部份分享各種與寶寶共讀的實務策略，從一開始如何吸引寶寶專注於共讀情境、如何利用聲音、表情與對話互動提升寶寶的閱讀理解和語言能力，到可以運用哪些小技巧讓親子共讀更有樂趣，各項策略皆舉實例作為示範，讓家長能具體看見共讀策略的運作方式；第五部分是本書最大特色所在，筆者挑選34本不同類型的繪本，透過分析每本繪本的特色，設計適宜的共讀方式。一方面幫助家長看見繪本的深度，一方面詳細舉出共讀時可引導的互動內容、可描述的細節、可玩的延伸遊戲以及可討論的提問，藉此期待能夠提供家長、托育人員以及保母作為共讀時最貼近現場的參考範例。第六部分為Q＆A，筆者列舉出家長與托育人員在與寶寶共讀時經常詢問的問題，並提供回答，期待能夠解答家長與托育人員心中的疑惑。

閱讀是所有學習的基礎，是帶領孩子飛翔於世界的翅膀。從小開始和孩子共讀，就像是鳥爸爸、鳥媽媽在鍛鍊鳥寶寶的翅膀，一點一滴等待羽翼豐盈、一步一腳印悉心牽引，過程中，幼鳥傳承成鳥的技巧、經驗，終有一天也能乘風飛行。這段陪伴閱讀的歷程是急不得，也不用著急的，只要持續地、耐心地引導、陪伴，共讀時分享彼此的生命經驗，享受依偎在一起的親密互動，有一天一定可以看見孩子揚起閱讀的翅膀，翱翔於書海中、世界上。

Part 1

從小閱讀
奠定全方位
學習能力

寶寶那麼小，需要唸書嗎？

英國早在一九九二年就開始推行「閱讀起步走」活動，這項計畫目的在於鼓勵父母於嬰幼兒時期就開始和寶寶一起共讀。國外研究經過長期追蹤發現，有參與閱讀起步走的孩子，在剛入學時（5歲）有較好的上學準備能力，他們的閱讀和算數能力明顯領先沒有參與閱讀起步走的孩子，而且這樣的優勢直到孩子7歲，都還能持續領先（註❶）。

這也就是說，父母愈早開始與孩子進行親子共讀，孩子未來愈可能獲得較好的學習能力與成就。雖然這樣來看親子共讀的作用，稍嫌功利主義了些，但卻是說明「為何要和寶寶（親子）共讀」最直接的證據。

除此之外，國內外專家學者也透過長期研究證實，愈早開始與寶寶進行親子共讀，寶寶在語言發展、讀寫萌發、認知發展以及閱讀興趣等各個面向都會因此獲益、成長，親子間的依附關係也會更緊密。以下將從各個面向來說明從小閱讀對寶寶的益處。

註 ❶ Wade, B. & Moore, M. (2000). A sure start with books. Early Years, 20(2), 39-46.

從小開始共讀的益處

〔對語言發展的助益〕

美國西雅圖華盛頓大學學習與腦科學研究所 Dr. Patricia K. Kuhl（聽語科學系教授）在早期語言和大腦發展上的研究，深獲國際讚譽。她指出，嬰兒與生具有語音知覺能力（這是寶寶學習語言、開口說話的基礎），再加上後天豐富的語言輸入，兩者進行交互作用，才能使嬰兒漸進習得特定語言模式。也就是說，父母要**在嬰兒時期就提供寶寶豐富的語言經驗**，才能夠幫助寶寶學習語言，進一步增進寶寶的語言能力與精熟度（註❷）。

有意義的情境，幫助寶寶學習語言

那麼，父母要如何提供寶寶豐富的語言經驗呢？國內外研究都顯示，**愈早開始以及愈頻繁**進行「親子共讀」，確實能夠增加寶寶的字彙量、促進寶寶聽說能力的發展，對提升寶寶語言能力有明顯的幫助（註❸）。

註❷ 劉惠美、曹峰銘（2006）。0~3 歲嬰幼兒發展與研究彙編—進入嬰幼兒的語言世界。台北市：信誼。

註❸ Lonigan, C. J., Shanahan, T., & Cunningham, A. (2008). Developing early literacy: Report of The National Early Literacy Panel. Washington, DC: The National Early Literacy Panel.

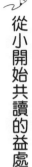

・**學習對話輪替的社會互動規則：**當進行親子共讀時，父母經常向寶寶提問有關故事圖像「在哪裡？」或「這是什麼？」等問句，因此引發寶寶以口語描述圖像訊息，回答父母的提問，例如：媽媽問：「小狗在哪裡？」寶寶會指著圖案回答：「在這裡！」或爸爸指著貓咪的圖案問：「這是什麼呢？」寶寶說：「貓咪，喵喵喵」，這樣一來一往的互動問答，不僅提升寶寶的語言能力，同時也讓寶寶學習**對話輪替的社會互動規則**。

・**接觸書面語言，提供更豐富而嚴謹的詞彙：**或許有些父母認為，平時多和寶寶說話就好啦！為何還需要親子共讀？的確，父母在日常生活中多和寶寶說話是很重要，也是必須的。不過，美國康乃爾大學社會學系教授 Donald P. Hayes 在口語和書寫的詞語研究中發現，書籍中所含的詞彙及罕見字出現的次數都高於日常生活的口語會話（註❹），所以藉由親子共讀，讓寶寶**接觸書面語言，能夠提供比日常口語更豐富而嚴謹的詞彙**。

・**藉由故事情境來解釋詞彙的意義：**再者，由於繪本的圖文內

註❹ 李玉梅（譯）（2009）。S. D. Krashen 著。閱讀的力量：從研究中獲得的啟示（The power of reading: Insights from the research）。台北市：心理。

容，能夠提供故事情境來解釋詞彙的意義，所以這對寶寶學習新詞彙、理解詞意有實質的幫助。例如：小寶（男孩，1歲9個月）和媽媽共讀《第一次上街買東西》，書裡其中一頁說：「腳踏車叮鈴叮鈴，咻～跑過去！」後來，小寶在路上看到車子開過去時，他轉頭對媽媽說：「車子咻～跑過去了！」從這例子可以看到，小寶除了自書裡獲得新詞彙（咻～跑過去了），也表示他已理解此詞彙的意義，還能夠在適當的情境下使用此詞彙。

由此可見，親子共讀不僅只是增加寶寶的詞彙量（多接觸書面語言），更進一步來說，親子共讀提供有意義的語言情境，藉由故事圖文，幫助寶寶理解詞意，是促進寶寶學會正確使用詞彙的有效方法。

〔對讀寫萌發的助益〕

讀寫萌發（emergent literacy）是幼兒語文教育上的專有名詞，最早於一九六六年由紐西蘭學者 Marie Clay 所提出。一般傳統的

〔★ 繪本資訊〕

《第一次上街買東西》（漢聲）。

觀念會認為孩子在進入小學階段以後，才開始正式學習閱讀與寫作。然而，讀寫萌發的概念意指當孩子生活在充滿豐富語文的環境下，從出生開始就會持續地發展出閱讀與書寫的基本技能。就好像是父母都知道，寶寶在學會走路前，需要先學會坐、爬、站等能力，直到身體各部份發展準備好了，才啟動歷史性的第一步。

讀寫萌發含括的各項能力

讀寫萌發正是相同的概念，孩子在學會閱讀和書寫之前，他需要先具備多種能力，這些能力包括：

‧**字彙：**寶寶需要知道生活周遭事物的名稱，如媽媽代表的是照顧他、陪他玩的人；晴天代表天空中出現了亮亮的太陽，可以出門去玩。等寶寶再大一些，他可以從繪本中學習到更多的詞彙，而研究顯示詞彙量的多寡與閱讀理解能力有密不可分的關係，可以預測學童二、三年級的閱讀成就表現。

‧**印刷體覺察：**孩子需要意識到印刷體（含文字與圖像）是可閱讀且有意義的、知道如何使用及翻閱一本書、了解華文的閱讀方向等。如果孩子無法在學齡前階段透過共讀獲得這些能力，則會造成未來閱讀上的困難。

・**字母知識：**從英文學習的角度來說，字母知識指的是孩子需要了解26個英文字母是不相同的，每一個字母有其獨特的發音以及它的字型。從華文學習的角度，孩子則需知道每一個國字獨有的字型、以及所代表的意義。若孩子有機會在繪本中或生活中讀到他熟悉的字彙，通常小班年紀的孩子可以認得自己的姓名、中班的孩子會請爸爸媽媽幫他把想買的禮物寫下來，大班的小孩可以認出簡單且常見的國字。

・**音韻覺識：**指的是能夠覺察到文字、字詞的聲音或韻腳，也包括能夠了解一字一音的原則（一個字代表一個聲音），這項能力是開始學習閱讀的必要能力，能夠有效地預測孩子在學習閱讀初期面臨的困難度。

・**敘說能力：**指的是能夠描述生活事件以及說故事的能力。透過孩子敘說故事的表現，家長可以得知孩子注意到繪本故事裡的哪些元素。

・**閱讀動機：**樂於探索繪本，且認為閱讀是有趣的一件事。當孩子閱讀動機越強，能夠主動閱讀，其閱讀成就表現通常也會比較好。

讀寫萌發能力與孩子未來正式讀寫能力息息相關。父母試著運用想像力，想想當孩子進入小一，開始「正式」學習閱讀和寫字，但是可能因為基礎的讀、寫能力和經驗不足，無法順利的學習，此時，不僅父母、老師需要提供更多的補救教學，孩子也要花較長的時間、更多的心力學習。這樣看來，讀寫萌發能力實在重要啊！

親子共讀促進讀寫萌發能力的養成

國外研究分析親子共讀與讀寫萌發的關係，結果顯示親子共讀與讀寫萌發能力有正向的關係（註❺）。當親子共讀時，父母在潛移默化中向寶寶示範使用書本的技巧，例如：正確拿書與翻書、文字閱讀的方向和圖像也能提供豐富訊息，皆是協助寶寶建立正確的書本概念（註❻）。

〔★ 繪本資訊〕

《晚安，猩猩》（上誼文化）。

更深入來看，父母與寶寶聚焦繪本閱讀時，書中的圖像與文字提供豐富的表徵符號，寶寶可以從中學習圖片象徵的意義（如：草莓圖上的草莓是假的，不能吃的）、分辨圖像與文字的不同（如：若父母指字唸讀，寶寶會漸漸理解父母唸出的聲音與文字符號的對應關係）以及瞭解圖文各自的功能（如：《晚安，猩猩》的封面，文字只出現「晚安猩猩」，圖像畫出猩猩躡手躡腳偷管理員鑰匙，猩猩還比出「噓」，提醒讀者別驚動管理員。文字敘述故事主軸，圖像敘述故事細節），這些學習都對寶寶讀寫萌發歷程有重要的貢獻。

〔對社會與認知發展的助益〕

故事拓展生活經驗、增加背景知識

面對多采多姿的世界，每一個成長中的寶寶無不積極探索、大量學習。為了豐富寶寶的生活經驗，除了讓寶寶親身參與日常生活的各種活動外，說故事也是提供寶寶接觸多元資訊的管道，

註 ❺ Bus, A. G., van Ijzendoorn, M. H., & Pellegrini, A. D. (1995). Joint book reading makes for success in learning to read: A meta-analysis on intergenerational transmission of literacy. Review of Educational Research, 65(1), 1-21.

註 ❻ Hill-Clark, K. Y. (2005). Families as educators: Supporting literacy development. Childhood Education, 82(1), 46-47.

例如：繪本中介紹動植物或生活物品等資訊，能讓寶寶認識各種事物名稱與特質。

同時，透過故事圖像的示意加上父母解說，能幫助寶寶建立概念性知識，例如：認識形狀、顏色、大小等概念，促進寶寶連結故事內容與真實世界的認知。像是《小黃點》的故事中呈現紅、黃、藍三種顏色，父母在與寶寶共讀時，可先告訴寶寶各種顏色的名稱：「這是紅色！紅色！（手指著紅點，邀請寶寶一起說紅色）」再讓寶寶找找看，身邊四周哪裡還有紅色？以此類推。

故事連結與深化個人經驗、發展推理思考

故事一方面拓展寶寶原來沒有的經驗，一方面連結與深化寶寶個人的生活經驗。例如：故事中畫出公園的景像，父母可以幫助寶寶連結曾經去公園的經驗，說一說實際在公園中的所見所聞，加深寶寶對公園的認識。當寶寶開始有個人經驗與基礎知識時，他可以在親子共讀時帶入自己的認知，自己解讀故事內容，發展閱讀理解機制。

〔★ 繪本資訊〕

《小黃點》（上誼文化）。

例如筆者與兩歲多的孩子共讀《好餓好餓的魚》，故事講述一隻好餓好餓的魚，牠吃了不同海底生物後，身上會出現各種有趣的變化。孩子在讀完故事前半段後，掌握到情節進行的模式（好餓魚吃了小紅魚，牠的背鰭和臉頰變紅了；吃了小螃蟹，牠長出兩隻大剪刀），當孩子再讀到好餓魚吃了小烏賊和發光魚的情節時，他運用前面累積的閱讀經驗，預測好餓魚會長出長腳和發出金光。

這解讀、預測故事內容的歷程，正是在發展寶寶的邏輯推理與思考能力。不過，因為寶寶現階段的先備知識、經驗畢竟不足，所以很需要父母或托育人員在共讀過程隨時提供相關資訊。如共讀《好餓好餓的魚》時，筆者一面引導孩子仔細觀察圖像前後的改變，在孩子指出圖像的變化時，接著再問孩子：「好餓魚為什麼臉變紅了？為什麼長出大剪刀？」過程中不斷提供孩子連結前後文本資訊的機會，協助孩子統整故事情節模式，如此便能逐步協助寶寶進行做得到的邏輯推理練習了！

〔★ 繪本資訊〕

《好餓好餓的魚》（台灣東方）。

繪本共讀促進心智理論發展的能力

心智理論（Theory of mind）指的是個體（特別是幼兒）能夠透過外顯行為的解讀，正確理解或推論自己及他人心智狀態的能力（如：情緒、渴望、意圖及信念等），而且能夠依據對方的心智狀態，而有合理的回應。例如：聽到媽媽說話變大聲，且眉頭皺起來，就可以知道「媽媽生氣了」，因此，趕快迅速地把散落在地上的玩具收拾好。這項能力對於孩童未來的社會人際互動與認知能力有著重要的影響。

研究指出，18個月大的嬰幼兒已經發展出初級的心智理論能力，可以了解他人的內在心智狀態；兩歲的幼兒能夠預測他人心理層次上的情緒與行動。而嬰幼兒是否能夠擁有這樣的能力，父母平時與子女間的談話具關鍵性的影響。也就是說，父母親若能在日常生活中，經常地與嬰幼兒使用心智狀態語言，或者討論自己及他人的心智狀態，將有助於嬰幼兒心智理論能力之提升。

研究指出親子共讀是最能有效激發心智言談的情境，由於繪本經常描繪主角或擬人動物之間的互動、行為、想法、感覺與動機，充滿了各種類型的心智語言。當父母與幼兒共讀時，繪本中主角人物的想法、情緒以及行動等，可以激發父母與幼兒討論主角人物的心智狀態，進而幫助幼兒理解他人的心智理論能力。

以《鱷魚怕怕，牙醫怕怕》這本繪本為例，主題符合孩子看牙醫的經驗，每一頁的句子字數也都維持在10個字左右，且具重複性，很適合2歲以上的嬰幼兒共讀。繪本的兩位主角為鱷魚及牙醫，有趣的是兩位主角的對白從頭到尾都是一樣的，當鱷魚說：「我真的不想看到他……但是我非看不可。」牙醫也說：「我真的不想看到他……但是我非看不可。」當鱷魚在左跨頁說：「我好害怕……」，牙醫在右跨頁也說：「我好害怕……」。最後，兩人雖然互說：「多謝您啦！明年再見」，但隨即翻到下一頁後，兩人心裡的真實想法卻是：「我明年真的不想再看到他……」。

再仔細分析當中的文字與圖像，就會發現這本圖畫書其實充滿了各種心智狀態語詞，像是：「不想」、「害怕」、「非看不可」等等，幼兒需要理解兩位主角的內在心智狀態，才能欣賞這本書幽默、有趣的地方。因此，成人平時在與孩子共讀繪本時，也可以留意繪本中是否出現關於主角心智狀態的描述，可以透過文本

〔★ 繪本資訊〕

《鱷魚怕怕，牙醫怕怕》（上誼文化）。

與圖像的訊息，與孩子討論：「鱷魚為什麼不想看到牙醫」、「牙醫為什麼也不想看到鱷魚」、「為什麼他們都覺得很害怕」等等，引導孩子更進一步辨認這些主角的內在的情感、意圖與認知等心智狀態，以幫助心智理論能力的發展。

〔對視覺素養的助益〕

用繪本啟發圖像閱讀的能力

過去的閱讀教育通常著重於文字語言的理解與分析，對於培養閱讀圖像的能力鮮少觸及。然而，現今世界大量的資訊是透過多元語言模式傳遞訊息，例如：雜誌、報紙、廣告單，甚或是影音、網頁等，皆是利用圖文並陳的表現形式敘說及呈現內容。由此可見，未來孩子不僅要具備傳統的聽說讀寫能力，還要擁有能從畫面中解讀、擷取訊息的視覺素養（visual literacy）（註❼）。

對於開始學習閱讀的寶寶來說，繪本的設計提供許多機會來發展寶寶的視覺素養，因為它同時結合文字以及圖像兩種符號系統來傳遞訊息。文字通常會提供時間、因果的邏輯順序，使故事聚焦在某一事件、主題；圖像則是提供空間與視覺細節，將人、事、物以及場景等呈現在同一畫面裡，而文與圖的動態互動才共構出一個美好的故事。因此，繪本可說是培養寶寶視覺素養的最佳媒介。

當家長及托育人員與寶寶共讀時，除了透過文字來理解故事外，還要引導寶寶注意繪本中的圖像設計，如：版式、顏色、形狀與線條、象徵與符碼等元素（若想進一步了解圖畫如何提供訊息，可參考《閱讀兒童文學的樂趣》（小魯）（註❽），引導寶寶學習整合圖文訊息。相信透過持續地練習與引導，寶寶能逐漸習得識讀能力，成為圖像閱讀高手。

註❼ 視覺素養（visual literacy）意指理解、詮釋以及評價視覺訊息的能力。簡單來說，是指能夠閱讀、看懂圖像傳遞的概念與意涵。

註❽ Nodelman, P., & Reimer, M.（2009）。閱讀兒童文學的樂趣，第三版。劉鳳芯譯。台北：小魯。

【對閱讀興趣的助益】

擁有美好的閱讀經驗，寶寶自然愛看書

親子共讀很重要的關鍵在於父母對寶寶反應的敏銳度跟支持度。共讀時，父母要針對寶寶的各種反應，給予細心的關注，用溫柔、充滿愛的聲音、親密的肢體接觸，在輕鬆互動中，共享與傳遞生命經驗。這愉悅有安全感的共讀氛圍，會使寶寶留下美好的閱讀經驗，當**閱讀成為一件快樂的事**，自然提高寶寶的閱讀興趣，積極的閱讀態度也會逐漸形成（註❾）。例如：我們可以觀察到，當父母或托育人員經常與寶寶共讀某一本繪本，寶寶主動想要去閱讀那本書的頻率也會比較高；而且，一旦寶寶建立了閱讀的習慣與興趣，只要家庭或托育環境中提供可以自由取閱的繪本，寶寶則會自己從中挑選一本書並閱讀。

註❾ Baker, L., & Scher, D. (1997). Home and family influences on motivations for reading. Educational Psychologist, 32(2), 69-82.

〔對親子關係的助益〕

在愛裡共讀，寶寶更投入，學習更有效

在一對一親子共讀時，**父母提供有情感品質的支持性互動**，親子關係會愈緊密，也就是在這有安全感的情境中，寶寶會更投入共讀的內容，逐漸從被動的聆聽，轉為主動的表達，自然享受、學習閱讀的成份也會愈多。所以說，只是機械式、例行性的說故事是不夠的，父母朗讀的聲音裡有愛、有溫度，寶寶都會感受到的。

例如，筆者小孩自從有行動自如的能力後，當她希望我唸故事給她聽時，會自動地選幾本她想聽的書，不需經過同意，就直接坐在我大腿上，靠著我的身體，開始聽故事，一本接著一本。當筆者進入公共圖書館的情境中，難免會去注意親子間的共讀互動情況，若父母是樂於為孩子朗讀故事時，可以看到寶寶很自在地坐在爸爸媽媽的懷裡，或是靠在一旁，爸爸媽媽的聲音會自然地高低起伏，親子間會有對談、也會指著繪本中的圖片發出笑聲。

然而，也有一次，我觀察到，一位母親把繪本當成了教材，兩人側身坐著（**沒有肢體上的接觸**），繪本放在桌子上，媽媽唸一句，孩子也要跟著唸一句，若唸錯了，就要重唸一遍，在母子兩人的臉上看不到笑容，共讀變成一種讓雙方都痛苦的活動。

轉換到另一個情境，有些家長會帶著寶寶參加圖書館舉辦的團體說故事活動，雖然講故事的不是爸爸媽媽，但我們常會看到寶寶坐在家長腿上，身體靠在家長懷中，有時寶寶還會躺在家長腿上聽故事，家長偶爾會伸手輕撫寶寶的頭或身體，有時寶寶還會轉頭面向家長，彼此互相擁抱，這些肢體互動讓寶寶覺得有安全感，能安撫寶寶情緒，也同時顯示寶寶享受聽故事時間。

另外，為了吸引寶寶持續注意故事老師手中的繪本，家長也會經常以手指往繪本方向，引導寶寶視線，幫助寶寶專注於聽故事活動。這些專屬於親子共讀時的親密互動，都是支持寶寶於閱讀的重要情境。

Part 2

寶寶也愛閱讀
0～3歲嬰幼兒
閱讀行為

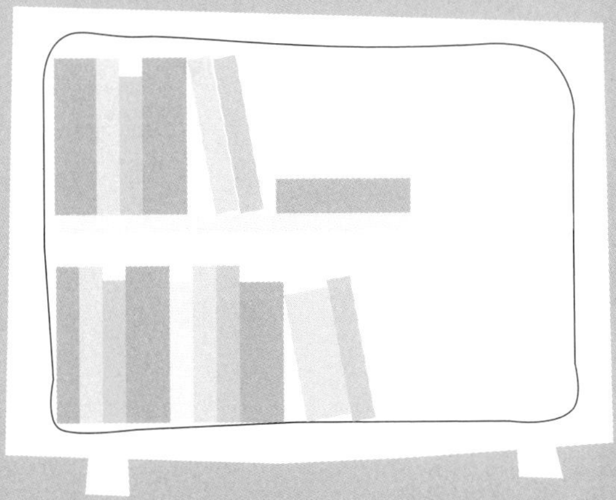

在了解嬰幼兒時期共讀經驗的重要性以後，我們來看看0～3歲嬰幼兒有哪些典型的閱讀行為，這樣父母才能更清楚知道，如何正確地回應嬰幼兒傳遞的口語及非口語訊息，也不會因為孩子表現出不專心的行為時，誤以為孩子對閱讀沒有興趣，而放棄了共讀。

各年齡層寶寶的閱讀行為表現

〔0～6個月的寶寶〕

寶寶剛出生時，視覺發展尚未成熟，眼睛可以聚焦的距離大約只有30公分左右（也就是父母將寶寶抱在懷中，雙眼交接的距離），且需要視覺對比鮮明的圖像，才能看得清楚，如黑白色或三原色。在聽覺發展的部份，寶寶對於高頻率的聲音較為敏感，且已經有能力可以辨認出媽媽的聲音。因此，在這個階段，不一定要敘說有故事情節的繪本，而是可以透過輪廓簡單與顏色對比鮮明的圖片、圖卡（如黑白圖卡）及高頻音調來吸引寶寶的注意

〔★ 建議繪本〕

輪廓簡單與顏色對比鮮明的圖片、圖卡（如黑白圖卡），以吸引孩子的注意。

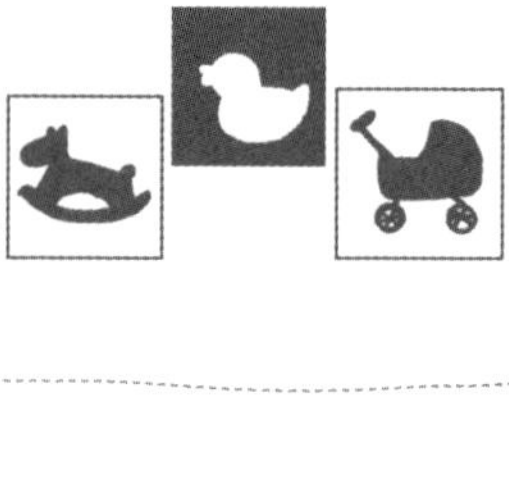

力，可以觀察到寶寶會短暫地注視圖片。

〔7～12個月的寶寶〕

這個時期的寶寶在身體動作上已經更為成熟，能夠在沒有支撐的情況下穩定地坐著，喜歡爬行到處探險，且手指的抓握能力也會漸趨熟練，若將書本放置在寶寶面前，寶寶會出現各種探索書本的行為，如拍書、打書，旋轉書本、翻頁、打開書、把書闔起來、甚至會出現啃書的行為，寶寶對待書本的行為就像在玩玩具一樣。若父母經常與寶寶進行共讀，寶寶這些看似破壞書籍的行為會逐漸減少，並以適宜的方式來翻書。因此，在選擇繪本時，建議可以挑選裝訂堅固、不易毀損、可以重複清潔的材質，如布書、塑膠書、厚紙板書等。

雖然寶寶的口語表達能力在這個階段仍然十分有限，一開始只是重複地發出一些無意義的聲音，慢慢會進步到說出第一個有意義的字，如爸、媽等。但是他們逐漸可以了解成人說的簡短句子，因此，當父母經常朗讀簡單故事情節的繪本時，寶寶可以慢

〔★ 建議繪本〕

簡單故事情節，裝訂堅固、不易毀損、可以重複清潔的材質，如布書、塑膠書、厚紙板書等，藉由重覆朗讀讓孩子慢慢理解與生活經驗相關的字彙與句子。

慢理解與他們生活經驗相關的字彙與句子，而且，在父母指引的線索下，寶寶會注視特定的圖片，或甚至會指著他們認得的圖片，發出笑聲。

〔1歲～1歲半〕

這時期的學步兒逐漸從學會站立到自由行走，這也意味著他們的世界有很大的改變。由於具有自由移動身體的能力，他們樂衷於走動，到處尋找有趣的事物，也很容易被其他的事情吸引，較無法安靜下來閱讀。但這只是發展中必經歷程，父母們可以把握他們願意聆聽故事的短暫片刻，使用多元技巧（如製造音效、指圖、表情、動作、選擇具重複句子且押韻的繪本）來吸引他們對繪本的注意力。也許一開始僅會持續短短的一分鐘，但當寶寶熟悉了共讀的形式後，寶寶專注於繪本上的時間就會逐漸拉長。

此外，學步兒可以理解的語彙數量在這階段會迅速累積，對於繪本中經常被重複朗讀的字彙，會透過各種方式來表示他們可以理解這些詞彙，例如：看到書中的小狗，會模仿狗的叫聲；看

〔★ 建議繪本〕

選擇具重複句子且押韻的繪本，並透過製造音效、指圖、表情、動作來吸引孩子的專注力。

到故事主角做出轉頭的動作，也會模仿轉頭的動作。在獨立閱讀繪本時，會重複翻頁、打開書、把書闔起來等動作，咬書、撕書的行為會逐漸減少。

〔1歲半～2歲〕

幼兒的視覺敏銳度會隨著年紀的增長而逐漸成熟，因此，越來越能夠欣賞繪本中複雜的圖像內容，一個人在閱讀時，可以看到幼兒專注地翻閱繪本，顛倒看書的情況也大大地減少。此外，幼兒表達性的語彙能力也相對地進步，會主動說出繪本中他們熟悉的物件名稱，如「狗狗」、「小雞」；對於具有重複語句設計的繪本，寶寶會跟讀或複誦尾音，如「棕色的熊、棕色的熊，你在看什麼？」寶寶會跟著念「麼」或是「看什麼」；當父母閱讀繪本並詢問簡單的問題時，幼兒已有能力可以回答，例如：「是誰躲起來了？」幼兒會回答：「貓貓」。

〔★ 建議繪本〕

可提供圖像內容豐富，但線條、色彩簡潔的繪本，使嬰幼從中獲得指認的樂趣。

〔2歲～3歲〕

在累積大量共讀經驗後，2至3歲的幼兒通常會對閱讀表現出很熱衷的態度，像是能夠手持繪本主動閱讀；由於生活經驗越來越豐富，對於周遭環境的理解力大幅提昇，對於閱讀繪本的回應方式也越來越多元，像是看到繪本裡有趣的圖片與文字，會將身體趨近繪本仔細觀看，有時也會以動作回應繪本裡的內容（如假裝敲門、踏腳等），或是以微笑或笑聲表現出他們覺得故事內容是有趣的，有時甚至會模仿大人閱讀的方式（將書籍內頁向外並翻頁）。

在口語描述部分，幼兒會樂意描述圖片的內容、也可以簡短地說出繪本裡的情節，或是跟著成人一起朗讀完語句重複且熟悉的繪本，如《棕色的熊、棕色的熊，你在看什麼》這本書；甚至可以將自己的生活經驗與閱讀的內容作連結（如：看到冰淇淋的圖片，會說「我有吃冰淇淋」）。此外，從讀寫萌發的概念來看，幼兒對於繪本已經具備很清楚的認識，他們能夠理解「封面」、「故事」、「書名」等詞彙的概念，而且能夠從書名或是封面的圖像訊息來預測這本書的內容。

〔用理解、等待與陪伴養出小小愛書人〕

以上是嬰幼兒典型閱讀行為的發展狀況，但請家長切記，嬰幼兒的發展是一連續的歷程，且會存在著個別差異，每位幼兒的發展有快有慢，不需刻意與其他幼兒作過度的比較。此外，即使是同一位幼兒，在不同領域的發展速度也會有所不同，例如：有的孩子在某一特定領域的發展會比較快（如比較快會說話，所以成人們在閱讀時比較容易觀察到幼兒口語的回應），但他在另一個領域則發展的速度較慢（如：手指精細動作發展較慢，所以翻書時，可能比較容易出現撕書的行為）。

這些都是幼兒成長歷程中常見的狀況，只要成人們可以配合著幼兒在每一階段的發展特性，提供適宜的閱讀環境與閱讀技巧，幼兒們最終都能成為小小愛書人。

筆記

Part 3

如何為寶寶挑選繪本？

若要為繪本下個定義，筆者認為繪本是具備圖像、文字與設計的藝術作品，其中的文與圖有微妙的互動關係，時而增強互補，時而矛盾對立，兩者相輔相成，共構出一個完整的故事。

雖然閱讀繪本的對象通常為國小中低年級以及幼兒園之學童，然而因其獨有的藝術設計形式，許多成人也喜歡閱讀繪本，或甚至將繪本作為課程的教材；部分作家在創作繪本時，也不一定會將讀者群設定在學齡前的幼兒。

因此其設計的方式以及涵蓋的主題是十分寬廣的，筆者嘗試從繪本的材質、主題與特殊設計等角度，說明並舉例適合寶寶閱讀的繪本。同時整理出五項選書原則，家長與托育人員在為寶寶挑選書籍時，只要掌握原則，並不需要被「名人書單」侷限了選書的多元性。

繪本有哪些？繪本的分類

〔依材質來挑選〕

〔★厚紙本書類 書單〕

《波波的小小圖書館》（滿天星）

《小寶寶翻翻書》、《黑看白》、《白看黑》（上誼）

❶ 厚紙本書：

整本書都是以厚紙板材質製作成的，裝訂上較為堅固，彈頁設計易於翻頁與操作，很適合2歲以前的寶寶閱讀。因此，許多為0至2歲寶寶創作的繪本，都是厚紙本書。

如露西．卡森《波波的小小圖書館》（滿天星）、馬梭．普萊斯的《小寶寶翻翻書》（上誼）以及Tana Hoban的《黑看白》、《白看黑》（上誼）。

❷ 塑膠書：

又稱洗澡書，通常是以防水的塑膠材質製成，可作為寶寶洗澡時的玩伴。由於具有可清洗且不易損壞的特性，很適合處於口腔期，喜歡把東西往口裡放的寶寶。不過，部分嬰幼兒沐浴玩具曾被檢測出超標的塑化劑成分，建議家長在選購時需注意，是否有安全標章以及相關檢驗報告。

如一系列三本的《寶寶洗澡書》（台灣麥克），包含了形狀、顏色與數字等主題，可以成為寶寶洗澡時的玩伴。

〔★**塑膠書類**書單〕

《寶寶洗澡書》（台灣麥克）

❸ **布書：**

以各種布料製作而成的書籍。由於材質柔軟，可以讓寶寶隨意揉、捏、抓、壓、翻、咬等，不易讓寶寶受傷，即使沾了寶寶的口水，也能立即清洗，很適合寶寶遊戲玩耍。

例如《寶寶視覺遊戲布書》、《寶寶視覺感官布書》（台灣麥克），包含了黑和白、臉、動物、明暗以及顏色等主題，很適合仍在發展精細動作能力的小寶寶閱讀。

〔依主題來挑選〕

❶ **韻文歌謠類**

此類繪本含括了繞口令、手指謠、歌謠等內容。即使是剛出生的寶寶，爸爸媽媽就可以開始為他們哼唱這些韻文歌謠，由於多具有押韻的特性，可以促進其音韻覺識的能力。

例如：《荷花開蟲蟲飛》（信誼）收集了許多傳統兒歌，而手指遊戲動動兒歌系列《好朋友》、《螃蟹歌》、《小猴子》（信誼），則設計了許多手指及身體動作的互動形式，爸爸媽媽可以

〔★**布書類**書單〕

《寶寶視覺遊戲布書》、《寶寶視覺感官布書》（台灣麥克）

〔★**韻文歌謠類**書單〕

《荷花開蟲蟲飛》、《好朋友》、《螃蟹歌》、《小猴子》（信誼）
《小寶貝與小動物唱遊繪本》（小天下）

一邊唸手指謠，一邊與寶寶玩遊戲。

幸佳慧的《小寶貝與小動物唱遊繪本》（小天下）則是專門為學齡前幼兒創作的童詩韻文，除了小男孩、小女孩外，還加上了台灣特有的獼猴與黑熊為主角，並以台灣常見的竹林、香蕉樹作為背景。爸爸媽媽可以為寶寶朗讀童謠，等寶寶的理解能力更進步後，還可以延展童謠的內容，改編成故事說給孩子聽。作者曾為一群1到3歲寶寶朗讀這兩首童謠，現場頓時變得安靜無聲，可以明顯感受孩子深深被這童謠的節奏所吸引。

❷認知學習

這一類的繪本內容直接傳遞了一些簡單的概念，讓寶寶可以認識簡單的數字、形狀、動物名稱等，也就是學習指物命名，累積簡單的語句詞彙數量。

例如：艾瑞克希爾的《小波會數數》（信誼），爸爸媽媽可以引導寶寶數一數農場上的動物有幾隻，也可以同時學習動物的名稱。而有些繪本則是巧妙地將認知學習的內容融入在故事情節或是圖像中，像是伊東寬《一開始是一個蘋果》（小魯），可以

〔★認知學習類書單〕

《小波會數數》（信誼）

《一開始是一個蘋果》、《誰大？誰小？》、《誰裡？誰外？》（小魯）

看得到數量配對的概念；而傑納頓的《誰大？誰小？》以及《誰裡？誰外？》（小魯），每一跨頁都以生動的圖像搭配問句，讓寶寶可以從閱讀圖像中思考新的認知概念，像是到底是誰很胖？誰很瘦呢？

❸ 生活經驗

描述與寶寶成長相呼應的生活經驗，即使不是寶寶曾經親身體驗過的經歷，也可以拓展寶寶的視野。

例如：愛羅娜·法蘭蔻為了幫助她的孩子順利地完成如廁訓練，分別為小男生及小女生創作了繪本《我的小馬桶：男生》、《我的小馬桶：女生》（維京），可說是寶寶在學習使用小馬桶過程中的最佳良伴。工藤紀子的《幸福小雞成長書包》（小魯）描述小雞一家人逛超市、逛遊樂園等主題，也很符合寶寶的生活經驗喔！

〔★生活經驗類書單〕

《我的小馬桶：男生》、《我的小馬桶：女生》（維京）、
《幸福小雞成長書包》（小魯）

❹社會情緒

嬰幼兒在社會化的歷程中，都會需要學習認識自己、與他人和睦相處、覺察並合宜地表達自己的情緒等課題。而社會情緒主題類的繪本則反應了嬰幼兒的相關經驗，成人與寶寶共讀這類的繪本，有助於寶寶投射其經驗在繪本主角身上。

例如：瀨名惠子的《不要》（台灣麥克），描繪了1至2歲寶寶為了顯示其獨立性，經常將「不要」兩個字掛在嘴邊；松古美代子的《笑嘻嘻》（台灣麥克），描述了主角們一個一個被愉悅氣氛感染的氛圍；三浦太郎的《親一親》（小魯），傳遞了「親一親」的溫馨，說完故事後，爸爸媽媽也可以給寶寶一個愛的親親。

❺想像創造

想像創造類的繪本提供寶寶一個天馬行空的幻想空間，充滿著童趣、幽默及創意等元素。

〔★社會情緒類 書單〕

《不要》、《笑嘻嘻》（台灣麥克）
《親一親》（小魯）

例如：中野弘隆《小象散步》（天下雜誌）、古川俊太郎《然後呢？然後呢……》（遠流）、高畠純《來跳舞吧！》（天下雜誌）、松岡達英的《蹦！》及《哇！》（小魯）等。

〔依特殊設計來選〕

此類繪本有其獨特的設計性，有的提供寶寶動手操作的機會，或是具有吸引寶寶注意力的功能，有的則強調文字編排的對仗或押韻，或是僅以圖像呈現故事內容。

❶ 翻翻書

文本的內容設計通常以疑問句為開始，而問題的答案則是隱藏在每一跨頁的小機關裡，寶寶只要翻開每一個小軋形片，裡面就會出現令人驚喜的圖片。

例如：英國知名插畫家艾瑞克．希爾所創作的《小波在哪裡》（上誼），封面用一隻狗狗打開箱子尋找東西的圖像，來引發讀者的好奇心，「到底牠在找什麼呢？」接著翻開的蝴蝶頁隨即設

〔★**想像創造類**書單〕

《小象散步》、《來跳舞吧！》（天下雜誌）
《然後呢？然後呢……》（遠流）
《蹦！》、《哇！》（小魯）

計了一個地毯形狀的小軋形片，吸引讀者想翻開看看裡面躲著什麼，這樣的開場與接下來找尋主角小波的故事做了銜接，而爸爸媽媽則可以引導寶寶翻開每一跨頁中不同物品形狀的軋形片，看看小波到底躲到哪裡去了。

❷觸覺書

依據繪本的主題，提供寶寶不同的觸覺經驗。例如：上誼出版社小小感官系列中《可愛的動物》，每一跨頁的主題明確，僅呈現一種動物，可以鼓勵寶寶摸摸毛茸茸的小雞、光滑的馬，也同時認識常見動物的名稱。英國作家 Fiona Watt 創作了一系列的觸摸書，如《那不是我的獅子》（That's not my lion）、《那不是我的小豬》（That's not my piglet）（Usborne Publishing Ltd）等，使用了反向的文字敘述以及觸覺視覺等經驗，幫助寶寶認識動物，像是「那不是我的獅子，他的爪子太粗糙」，直到最後一頁才呈現出獅子的整體概念。

〔★**翻翻書類** 書單〕

《小波在哪裡》（上誼）

〔★**觸覺書類** 書單〕

《可愛的動物》（上誼）、《那不是我的獅子》（That' s not my lion）、《那不是我的小豬》（That' s not my piglet）（Usborne Publishing Ltd）

❸ 立體書

立體書的特殊設計提供讀者一個超越平面閱讀的想像空間。當打開書本時，會有立體圖像躍入眼前，或是透過拉、轉、翻、抽等動作，可以看到令人驚喜的圖像，因而很容易吸引嬰幼兒的目光。

例如，肯思福克納的《張開大嘴呱呱呱》（上誼），每一頁動物主角的嘴巴都是立體造型，說故事時可以微微地闔上、打開書本，就好像動物們張嘴說話的樣子。而安石榴《小熊的家》（信誼），一打開就像是家庭劇場，內有餐廳、臥室等場景，親子間還可以玩扮演遊戲。其他一些經典的繪本如《好餓的毛毛蟲》及《猜猜我有多愛你》等也都另有立體書的版本。

雖然立體書的設計充滿童趣與驚喜，但其材質較脆弱，家長及托育人員需要依據平時對寶寶的觀察，等寶寶手部精細動作較成熟後（如一歲後可以平穩地使用湯匙進食），才能在成人的引導下學習操作，當然，當寶寶已經可以清楚理解愛護書籍的觀念時（如不會故意或不小心撕書），則可以鼓勵幼兒自由操作立體

〔★立體書類 書單〕

《張開大嘴呱呱呱》、《好餓的毛毛蟲》及

《猜猜我有多愛你》（上誼）

《小熊的家》（信誼）

書；必要時，可適度將配件護貝、貼上膠膜，延長使用年限。

❹ 無字書

繪本與一般書籍最不同的地方在於：它是同時蘊含文字與圖像兩種媒介的文學作品。因此，一本好的繪本是經過精心設計，不僅僅會有精采的故事情節，還會有豐富的圖像訊息相互應襯。而所謂的無字書則是僅以圖畫來鋪陳故事的繪本，完全沒有文字。大人們可能會納悶著沒有字的書要怎麼讀，但寶寶可以藉著自己的生活經驗與想像力來理解連續圖像的內容。由於少了文字描述的限制，反而可以天馬行空地讓孩子自由聯想，培養圖像閱讀以及口語創造故事的能力。

例如：剛出生0～6個月的寶寶看到的影像還很模糊，成人可以使用輪廓線條簡單、顏色對比性高的繪本，較容易吸引寶寶注意，像是Tana Hoban的《黑看白》、《白看黑》（上誼）。1歲之後的嬰幼兒對於辨識圖像名稱有極高興趣，成人可提供圖像內容豐富，但線條、色彩簡潔的繪本，嬰幼兒常能從中獲得指認

〔★**無字書類** 書單〕

《黑看白》、《白看黑》（上誼）
《紅氣球》（青林）
《雨傘》（小魯）
《一朵小雲》（天下雜誌）

的樂趣，像是艾拉・馬俐的《紅氣球》（青林）。

嬰幼兒在2歲之後的閱讀及生活經驗都愈趨豐富，成人可挑選貼近嬰幼兒生活經驗且較具故事性的繪本，利用圖像連結實際生活，拓展與深化嬰幼兒認知發展，像是太田大八的《雨傘》（小魯）。待嬰幼兒口語能力更加成熟後，成人可選擇故事情節較複雜的繪本，培養嬰幼兒讀圖、觀察與口語表達能力，像是慕佐的《一朵小雲》（天下雜誌）。

❺ 互動遊戲書

此類繪本強調親子共讀時，也能與書互動、一起遊戲的概念。如赫威托雷的暢銷著作《小黃點》（上誼）以及續集《彩色點點》（上誼），都是讓寶寶可以一邊讀一邊玩的繪本，隨著文字的引導，寶寶可以按按小黃點、搖搖書，再翻到下一頁就可以看到小黃點變化出不同的樣貌。Benedicte Guettier 的《In the Jungle……》，繪本左側挖空了一個半圓形，翻開每一頁都是動物的外型，臉部是鏤空的，家長一邊念故事，還可以請寶寶做出不同的表情呢！

〔★互動遊戲類 書單〕

《小黃點》、《彩色點點》（上誼）

《In the Jungle…》（Kane ／ Miller Book Pub）

❻ 可預測性繪本

可預測性繪本指的是運用押韻、重複的語詞、句型等，來提高故事情節的可預測性，由於故事內容具有可預測性，寶寶在閱讀時就可以預期未來的情節發展，此類繪本有助於開始學說話的寶寶建立簡單的語彙能力，同時也提供2至3歲的幼兒練習獨自閱讀的機會（**幼兒可以成功預測接下來的故事內容，對自己能像大人般閱讀感到有成就**）。

常見的可預測性繪本結構有下列幾種特性，以艾瑞卡爾《棕色的熊、棕色的熊，你在看什麼》（上誼）為例。

① **固定且重複語句的文字特性**：當某詞彙（語句）在文本重複出現時，寶寶會因為重複接觸此詞彙（語句），慢慢熟悉和理解此詞彙（語句）的意思。

② **句型模式對稱的文字特性**：文本中，前段文字與後段文字之間相互對稱時，朗讀起來如同唸謠，容易記憶；且特定句型不斷重複出現，寶寶能夠很快熟悉故事內容、預測後續情節。

③ **加入部分變化元素的文字特性**：由於可預測性繪本文字一致性高，寶寶接觸到的新詞彙相對較少。為了擴展寶寶的詞彙量，

〔★**可預測性繪本類** 書單〕

《棕色的熊、棕色的熊，你在看什麼》（上誼）

此類繪本常在重複語句中，加入1至2個變化的新詞彙（繪本圖像通常與其變化的新詞彙緊密搭配，以圖像作為輔助理解新詞彙的說明。）如此，不僅增廣寶寶的學習，也讓寶寶在重複的故事模式中，獲得出奇的驚喜。

作者與寶寶們共讀的經驗中，也確實觀察到，當我們重複閱讀這一類的繪本給寶寶聽時，寶寶會自發性地跟唸最後1、2個字彙，或甚至一整個句子。

④**繪本的圖像設計**：如同先前的說明，圖像設計是繪本中不可或缺的重要元素，珍．杜南在《觀賞圖畫書中的圖畫》（註⑩）這本書中即指出，繪本中的圖畫提供嬰幼兒愉快的視覺經驗；可以呈現真實世界的一面，也可以展現富有想像創造的空間；此外，圖畫是插畫家透過不同的創作風格及表現形式（色彩、明暗、線條、形狀、素材等）展現自己的媒介，也可能反應了社會背景與價值觀。讀者需要細細地品嚐每一幅圖像的細節，以發展出個人對圖像訊息的觀點與詮釋。對於繪本圖像設計有興趣的讀者也可以參考《繪本有什麼了不起？》（註⑪）以及《圖畫話圖》（註⑫）等書。

註⑩ 珍．杜南（2006）。觀賞圖畫書中的圖畫。台北：雄獅美術。

註⑪ 林美琴（2009）。繪本有什麼了不起？。台北：小魯。

註⑫ 莫麗．邦（2003）。圖畫．話圖：知覺與構圖。台北：毛毛蟲基金會。

〔★舉例：《棕色的熊、棕色的熊，你在看什麼》〕

固定且重複語句的文字特性

棕色的熊，棕色的熊，你在看什麼，我看見一隻紅色的鳥，在看我，
紅色的鳥，紅色的鳥，你在看什麼，我看見一隻黃色的鴨子，在看我，
【你在看什麼，我看見……在看我】

固定在每個跨頁重複語句，寶寶能反覆熟悉

句型模式對稱的文字特性

棕色的熊，棕色的熊，你在看什麼，我看見一隻紅色的鳥，在看我，

↕ ↕ ↕ ↕ ↕

紅色的鳥，紅色的鳥，你在看什麼，我看見一隻黃色的鴨子，在看我，

前段文字與後段文字之間相互對應，讀來像唸詩謠，朗朗上口，容易記憶

加入部分變化元素的文字特性

棕色的熊，**棕色的熊**，你在看什麼，我看見一隻**紅色的鳥**，在看我，
紅色的鳥，**紅色的鳥**，你在看什麼，我看見一隻**黃色的鴨子**，在看我，
【棕色的熊、紅色的鳥、……】

在固定句中，每次變化 1 至 2 個詞彙，擴展詞彙量

（表格出處：盧怡方（2014）。寶寶來聽故事：故事老師與嬰幼兒進行團體共讀之樣貌。國立新竹教育大學幼兒教育學系碩士論文，未出版，新竹市。）

繪本怎麼挑？替孩子選書的原則

一本精心設計過的繪本是值得一讀再讀的，即使情節較複雜的故事內容，可以使用簡化的策略説給寶寶聽；而一本簡單的繪本，也可以透過對話式互動，與小孩進行深度閱讀。因此，家長為寶寶挑選繪本時，可以把握以下幾個大原則，再搭配上合宜的閱讀策略，就可以與寶寶共享溫馨的共讀時光。

〔裝訂堅固、容易翻閱、操作的繪本〕

1歲以前的寶寶，手部精細動作尚未發展成熟，要能一頁一頁翻閱紙本書籍是有困難的，且他們容易把書籍當做玩具來操作，因此，可以選擇厚紙本書、布書、洗澡書等，便於幼小的寶寶翻閱，也較不易造成寶寶的挫折感。

0到3歲的寶寶也是透過規律的親子共讀，來建立書本概念以及閱讀興趣。因此，可以提供寶寶具探索、操作性的繪本，像是翻翻書、立體書、觸覺書、互動遊戲書等，讓寶寶一邊看書、一邊操作、一邊遊戲，可以藉此延長寶寶的注意力，吸引他們的興趣。

〔具有重複句、押韻語句或歌謠類的繪本〕

本書一、二章皆提到，0至3歲是寶寶語言發展的關鍵期。寶寶對「媽媽語」的使用，具有一定的偏好及敏感度，因此，選擇歌謠、手指謠，或是具有重複句、押韻語句的繪本，並搭配具高頻、韻律節奏的閱讀方式，將能成功地吸引寶寶的注意力。當寶寶開始學說話以後，這些繪本中常常出現的字彙與語句，也可能是寶寶模仿說話的題材。

〔貼近寶寶的社會生活情境〕

0到3歲寶寶的社會生活情境多圍繞在家庭與家人之間，隨著年齡與能力的增長，其生活經驗才會逐漸從家庭擴展至托嬰中心、幼兒園或社區中的人、事、物；同時，嬰幼兒也會慢慢地發展出對生活周遭事物的回應能力（如開心、生氣等）；並且會從習慣依賴他人，逐漸展現出獨立自主的能力。因此，繪本主題涵蓋寶寶的成長經驗與環境是必須的，如家人手足之間的親情、學校生活適應、逛街、交通工具、玩遊戲、情緒以及成長等題材，都容易讓寶寶與他們的生活經驗產生連結，得以理解故事的內容；即使寶寶未曾如實經歷過繪本中事件，也可以拓展他們的生活視野，增加寶寶的背景知識。

〔故事情節簡單、具想像力〕

年幼寶寶在處理各類訊息的能力、記憶力以及專注力仍然在發展中，提供給寶寶的繪本，宜選擇故事情節簡單的內容，每一跨頁僅約有1到5個句子，且句子簡短，透過作者與插畫家的想像創作，一本故事情節簡單的繪本，一樣可以深受寶寶的喜愛。

〔具備高品質的圖像設計〕

進行親子共讀活動時，寶寶的眼睛到底在看哪裡呢？加拿大心理學家 Mary Ann Evans 與 Jean Saint-Aubin（2005）（註⑬）以眼動儀追蹤親子共讀時的幼兒視線焦點，研究結果發現，幼兒在閱讀繪本時，眼睛視線通常會聚焦於圖片上多於文字。因此，繪本的圖畫設計是否清楚、確實是很重要的。

在選擇繪本時，除了要注意繪本主題是否適合嬰幼兒的認知能力、生活經驗，文字描述是否流暢優美，還須注意圖像的品質，包括：圖像是否能與文字內容搭配；構圖與圖像風格是否簡單明瞭，不複雜；寶寶是否能單憑圖像內容就能夠理解故事的基本概念、情節與結局；圖像所傳遞出來的情感是否與文字相符應；圖像是否具藝術性與美感；印刷品質是否良好等等（葉嘉青，2010）（註⑭）。

註⑬ Evan, M. J., & Saint-Aubin, J. (2005). What children are looking at during shared storybook reading. Psychological Science, 16(11), 913-920.

註⑭ 葉嘉青編譯（2010）。Jennifer Birckmayer、Anne Kennedy 與 Anne Stonehouse 著。從搖籃曲到幼兒文學：零歲到三歲的孩子與故事（From Lullabies to Literature: Stories in the Lives of Infants and Toddlers）。台北：心理。

總結

以上說明了不同種類繪本的特性，也介紹如何依據寶寶的年紀與發展情況來選擇繪本。但爸爸媽媽要注意的是，以上只是一般性的選書原則，一本精心設計過的繪本是值得一讀再讀，爸爸媽媽可以隨著寶寶成長，嘗試不同的閱讀方式與閱讀策略，幫助寶寶更深入地體會故事的角色、結構、主題及圖像等元素，透過對話互動，增進寶寶各種語言能力，也同時發展出自己對閱讀的喜好與獨特觀點。接著就來介紹與寶寶共讀的各種策略。

Part 4

開始親子共讀的訣竅

共讀前，大人請先讀繪本

在與寶寶共讀前，大人可以先做兩件事：第一、選擇一本適合寶寶的繪本（請參考 Part 3「如何為寶寶挑選繪本」）。第二、請大人先讀繪本。繪本可說是作者、繪者與編輯等精心設計的藝術品。在與寶寶共讀前，若大人具備基礎的繪本閱讀經驗，較能適切地運用各種策略與寶寶進行互動與對話，幫助寶寶看到繪本的深度、體驗閱讀的樂趣。

〔大人閱讀繪本小技巧〕

❶可先看封面、封底、蝴蝶頁、書名頁、版權頁等，透過這些訊息，自己先嘗試預測「這可能是一個什麼樣子的故事？」

❷接著可讀文字再看圖像，或先看圖像再讀文字，大致掌握整體故事內容，並揣摩故事角色對話的情緒、語氣。

❸仔細閱讀文字說什麼？圖像說什麼？圖像呈現出哪些文字沒有說的訊息？圖文合在一起，又說了什麼？

如：《小金魚逃走了》最後一個跨頁，文字說：「找到了，找到了。小金魚不再逃走了。」圖像畫：「小金魚逃到大魚池，大魚池裡有很多長得和小金魚很像的魚兒。」圖文各自傳遞部分訊息。當圖文合在一起，才完整說出小金魚為何不再逃走的原因。原來小金魚獨自在魚缸裡太孤單，牠在尋找其他夥伴，找到了朋友，自然就不再逃走囉！

❹ 再想想看圖像傳達哪些情緒、意念或抽象意涵。

如：《小羊睡不著》第六個跨頁裡，主角阿武爬到山丘上看風景，圖中的蘋果象徵向下墜的引力（隱喻連結：牛頓因掉落的蘋果發現地心引力），強化阿武恐跌落陡坡的威脅感。

〔★ 繪本資訊〕

《小金魚逃走了》（信誼）。

《小羊睡不著》（三之三）。

大小共讀起步走

說起和寶寶共讀的方法，不同學派的理論各自有其支持的共讀類型，如：對話式共讀——強調成人與幼兒間透過對話與互動來理解繪本；而另有學者提倡逐字朗讀，重視豐富語言、語音的輸入。不過，實際上並沒有限定「只能」使用某種共讀類型才是正確的。沒有任何一本繪本只能用一種方法讀，也不是一種方法可以呈現所有繪本的內涵。與寶寶共讀時，大人可以想想現在共讀的目的是什麼？這本繪本的特性、趣味點在哪裡？以及每位寶寶的個別差異，再來調整共讀的方式，如此才能幫助寶寶探索閱讀的可能性及寬廣性，加強寶寶的學習效果。以下提供與寶寶共讀時，大人可實際操作的共讀策略，建議各種共讀策略應視情況彈性運用。

〔吸引寶寶注意力的閱讀策略〕

❶ **宣告故事開始與結束的儀式：**有旋律、節奏的聲音總是能

吸引寶寶目光，若再搭配簡單的動作或遊戲，更能增添親子（師生）互動的樂趣，提高寶寶對後續活動的興趣。大人可以在共讀前帶領寶寶進行手指謠，進行手指謠的目的主要在幫助寶寶靜下心、集中注意力，為接下來的共讀時間做預備；其次，在團體共讀的情境中，手指謠也有助於托育人員（故事帶領人）調整與寶寶共讀互動的音量，用以確認每位寶寶都能接收到訊息。

大人們可能又要開始擔心，可是我不會手指謠，怎麼辦？其實，現在網路資源極為豐富，可在 YouTube 平台鍵入關鍵字「手指謠」，就有各種手指謠的影音教學可供參考；或者運用坊間已出版的手指謠書籍，例如：三之三的《寶貝手指謠》系列，書中有詳細的動作示範以及搭配的兒謠 CD；甚至是大人隨興自編的簡單歌謠，都可以是和寶寶遊戲互動的最佳來源喔！

❷ 用聲音、表情吸引寶寶目光：大人抑揚高低的聲調與豐富的表情變化，絕對是吸引寶寶投入共讀情境的最佳利器。在第二章介紹0至3歲嬰幼兒閱讀行為時提到，剛出生的寶寶對於高頻率的聲音較為敏感，在這個階段，可以透過高頻音調來吸引寶寶的注意力。

〔★ 繪本資訊〕

《寶貝手指謠— 1》、《寶貝手指謠— 2》、《寶貝手指謠— 3》（書 +CD）（三之三）。

現在，仔細回想您與嬰兒說話時的聲調與表情，您是不是會自然而然表現出，提高聲調、加強重音、放慢速度、誇張表情以及使用簡短語句等說話方式？事實上，研究發現，大人與寶寶交談時，傾向以誇張的聲調、表情變化；簡短、重複性高的話語；並且使用「媽媽語」的說話方式，也就是放慢話速、**製造停頓**，**使用語句有節奏感的方式來與寶寶說話**，而比起一般說話的方式，「媽媽語」是更能吸引寶寶注意力的語言形式。

社團法人中華民國貓頭鷹親子教育協會（註⑮）秘書長李苑芳特別為0至2歲的寶寶研發吸引注意力的故事朗讀策略，此故事朗讀的方式正是將「媽媽語」的說話形式運用於為寶寶朗讀故事，對吸引寶寶注意力有非常顯著的效果。

這裡要特別提醒，剛開始為寶寶朗讀時，可能不容易掌握到「媽媽語」的節奏，建議可選擇**文字簡短、句型有重複、對稱特性的故事內容**，較有助於掌握特殊的朗讀節奏。例如：《棕色的熊、棕色的熊，你在看什麼？》，朗讀時，字首字尾加強重音，字尾尾音清楚唸出，不要含糊帶過。同時放慢朗讀速度、製造停頓，使語句有節奏感。另外，朗讀時，視線經常與寶寶接觸，唸到「你在看什麼？」的問句，可露出疑惑的表情。

註⑮ 社團法人中華民國貓頭鷹親子教育協會官網：
http://www.owltale.org.tw/ap/index.aspx。

團體共讀情境中，幫助寶寶專注的訣竅

一對一的親子共讀與一對多的團體共讀是有些許不同。在一對一的情境中，大人與寶寶之間幾乎零距離，大人隨著寶寶的閱讀興趣、注意力與生活經驗，改變共讀策略；然而團體共讀情境中，一位大人同時要面對幾位寶寶進行故事（建議一次不要超過 5 位），此時大人與每位寶寶之間會有小段距離，大人較難同時滿足每位寶寶的閱讀需求。為使一對多的團體共讀活動能順利進行，此類共讀情境更需要事前規劃與建立規則，以維持有品質的共讀秩序，才能幫助寶寶們聚焦共讀內容。

事前規劃場地與內容、建立共讀規則

★ 事先規劃共讀場地，確認每位寶寶都能看到繪本。

★ 若托育機構安排的閱讀時間較長，托育人員可選擇動、靜態故事穿插，讓寶寶時而可以邊聽故事邊活動，時而可以因靜謐的故事氛圍安靜下來。（動態的故事情節提供寶寶久坐之後，得以舒展身體的機會；靜態的故事情節，營造安靜的共讀氛圍，幫助寶寶專注於共讀內容。）

★ 為兼顧共讀秩序與寶寶需求，建立明確的共讀規則是團體共讀情境重要課題。有時寶寶會受到繪本吸引，離開原先的座位，走到大人面前碰觸繪本。此時，若大人未加引導，寶寶可能一個接一個上前，影響共讀活動進行。建議大人可先回應寶寶的需求，讓寶寶摸一下繪本，再溫和地請寶寶回到座位。或者大人主動將繪本拿到每位寶寶面前，讓寶寶都能摸摸繪本，滿足寶寶想與繪本互動的需求。

〔提升寶寶語言學習、促進閱讀理解的策略〕

❶ 逐字朗讀故事內文：大人依繪本原來的文字朗讀，不額外添加其他口頭描述的說明，忠實地呈現文本中的書面語言。

書面語言不同於日常口頭對話，它是經由作者有計畫的編排，在用字遣詞方面較日常口語更為豐富、嚴謹。對於剛接觸語言的寶寶來說，除了生活中與大人的口頭對話，如能藉由大人逐字朗讀故事內文的聲音，開始「聆聽」句型結構嚴謹、詞彙量豐富的書面語言，將有助於奠定其日後發展閱讀理解和書寫表達的基礎。

在「如何為寶寶挑選繪本」的章節中提到，適合年幼寶寶的繪本具備三種文字特性：①固定且重複的語句。②句型模式對稱的語句。③重複句中加入部分變化元素的語句。**尤其是繪本文字具有固定、重複和句型對稱等特性時**，這類極富文學性的語言讀來，猶如朗朗上口的詩或歌謠。寶寶在反覆聆聽大人朗讀後，他們經常能記憶複雜的繪本內容，或跟讀句尾單字、或提前說出將發生的情節；直至口語能力漸成熟，甚至還能一字不漏的讀出繪本故事。

❷ 運用聲音、表情和肢體詮釋故事情境：

大人將故事情節、角色情緒以及故事傳遞的氛圍，透過聲音、表情或肢體等方式，轉移到當下共讀情境，幫助寶寶理解故事內容。

大人試著回想，當我們與一位說著我們不熟悉語言的外國人交談時，除了從單字來猜測他的意思外，我們還會藉由觀察他的表情、肢體以及聲音的語調來揣摩他想表達的訊息。對大人來說，藉由整合我們所聽、所看和所知覺的各種訊息，才能理解他人所要表達的意思。

同樣的道理運用在與寶寶共讀時也是相通的。寶寶對語言的理解尚處萌芽階段，為了使寶寶更「聽懂」故事，大人用聲音、表情與肢體動作來詮釋（閱讀理解後的）故事情節或角色情緒，以類戲劇的表達方式，帶著寶寶進入故事（或可說將故事搬到寶寶身邊）。讓寶寶乘著大人理解故事後的共讀列車，一起穿越故事，跟著聽懂故事。這樣的說故事方式除了能幫助寶寶理解故事，同時也讓聽故事變得有趣，寶寶也會更加專注。

舉例來說：《過獨木橋》採用圖文對照的形式，以精煉的文字搭配簡潔的圖像，幽默地呈現不同動物過橋的情形。作者在描

〔★ 繪本資訊〕
《過獨木橋》（阿布拉）。

繪動物過橋的動作或心情時，他運用大量形容詞，甚至出現成語，如：提心弔膽。雖然圖像能作為輔助寶寶理解文本的一種途徑，但這些文字對寶寶來說，仍然是有難度的。所以建議大人在朗讀時，加入聲音、表情與肢體的詮釋，像讀到（兔子）「蹦蹦跳跳的過橋」，大人的聲音可以往上揚，讀出彈跳、輕快的語氣；讀到（獅子）「提心弔膽的過橋」，大人的聲音可微微顫抖，面露擔心、害怕的神情；讀到（魚）「勉勉強強的過橋」，大人的聲音可斷斷續續，讀出使勁費力的語氣，表情、動作做出辛苦但想奮力一搏的樣子。將大人閱讀圖文後的理解，運用聲音、表情和肢體進行詮釋，這樣的方法不但有促進寶寶閱讀理解的效果，還能增添無窮的共讀樂趣。

❸運用圖像，穿插對話互動：許多研究皆顯示，父母會使用不同的共讀策略與寶寶一起閱讀繪本，而不同的共讀策略則對寶寶的語言發展有不同的影響。例如 Karrass 與 Braungart-Rieker（2005）（註⓰）的研究結果發現，母親經常鼓勵寶寶說出特定辭彙名稱的共讀型態，寶寶的表達性語言發展能力通常會比較好；常常鼓勵寶寶指出繪本裡與字彙相對應圖片，其語言理解能

註⓰ Karrass, J., Braungart-Rieker, J. M. (2005). Effects of shared parent-infant book reading on early language acquisition. Applied Developmental Psychology, 26, 133-148.

註⓱ Annemarie, H. H., Barbara, A. W., & Amber, C. E. (2012). Shared book reading and head start preschoolers' vocabulary learning: The role of book-related discussion and curricular connections. Early Education and Development, 23(4), 451-474.

力會比較好；而經常解釋繪本訊息的母親，其寶寶模仿母親說話的能力則相對比較好。

因此，爸爸媽媽可以彈性地使用多元共讀策略，像是提問、補充資訊以及描述繪本內容，幫助寶寶學習各樣的語文能力；此外，也可以**逐漸將更多「說」故事的主權，轉移到寶寶身上**，引導寶寶共同參與說故事的工作，一則協助寶寶理解故事，一則培養寶寶獨立閱讀的能力。

還要注意的是，繪本是透過圖文共構形成完整的內容，圖像與文字各自負責傳遞不同訊息。所以，想讀懂繪本，不單只把文字看完，就能瞭解內容，還要引導寶寶學習閱讀圖像、體會圖文合奏的意涵，作為閱讀理解的重要起始點。因此，除了文字表達的內容，大人還可以運用圖像作為對話的媒介，與寶寶進行簡單的對話，除了提供寶寶更多練習口語表達的機會；還能鼓勵（刺激）寶寶進行思考。這些都是促進閱讀理解最佳的方式之一。

所以當大人與寶寶進行共讀時，共讀的對話內容可以聚焦在兩大面向（註⑰）：一是著眼於繪本內容當下可見的圖像或文字之談論，此類對話目的在**協助寶寶認識物品名稱、顏色、數量等**

★ 小筆記

就算孩子長大了，開始有獨立閱讀的能力了！大人也還是應該繼續共讀陪伴啊！可不能只是把書給孩子，要求他自己去讀喔！

基礎認知概念。二是延伸繪本內容以外的討論，內容包括補充相關資訊、鼓勵寶寶表達感受、想法或對故事情節進行預測、回溯和總結，此類對話目的在**連結繪本內容與寶寶的生活經驗，並促進高層次的思考歷程。**

〔與寶寶共讀互動的7種技巧〕

以下列出七種問答對話技巧，並以《小雞逛超市》一書作為舉例參考。大人也可以拿起手邊的繪本，動動腦，想想您會如何運用這七種對話技巧呢？

❶ 指圖說一說，認識人、物、形狀、顏色、數量或動物等概念性詞彙：

舉例 在書名頁出現小雞排成一列的圖像。此時，大人可以問：「有幾隻小雞呢？」或者可以牽著寶寶的手，說：「我們一起數一數有幾隻小雞？1、2、3、4、5，有五隻小雞。」

舉例 在第三跨頁出現各種食物的圖像。面對還不會說話的寶

〔★ 繪本資訊〕

《小雞逛超市》（小魯文化）。

寶，大人可以指著（香蕉）圖，告訴寶寶：「這是香蕉。」面對開始學說話的寶寶，大人可以指著（香蕉）圖說：「香蕉！」並邀請寶寶複述一遍「香蕉！」當寶寶已有基礎口語能力，大人甚至可以直接指（香蕉）圖問：「這是什麼？」

❷描述圖文傳遞的人、事、時、地、物等情境訊息：

舉例 第五跨頁出現小雞們四處拿糖果、餅乾，河狸寶寶躺在地上大哭的景象。面對還未能清楚表達的寶寶，大人可以先描述圖像或唸讀內文作為示範：「小雞們好開心，他們拿了好多餅乾、巧克力還有棒棒糖！可是，河狸寶寶躺在地上哭耶！你看，他的手、尾巴用力揮來揮去。」面對有基礎表達能力的寶寶，大人可以問：「小雞們在做什麼？河狸寶寶怎麼了？」

❸說明基礎的知識：

舉例 第三跨頁出現兔子一家買紅蘿蔔的畫面。大人可以說：「小兔子愛吃紅蘿蔔！」

❹肯定或修正寶寶對故事內容的解讀：

舉例 第八跨頁畫出小雞們因為不能買糖果餅乾而掉眼淚，小雞媽媽因為及時阻止店員結帳而冒冷汗。大人可以問：「小雞怎

★ 小筆記

大人一邊用手指圖，引導寶寶視線；一邊利用停頓，等待寶寶回應。大人要懂得適時「裝傻」，表現自己的疑惑、好奇，讓寶寶來解答，寶寶也會從中獲得自我肯定的成就感。

麼了？」若寶寶回應：「小雞哭！」大人可給予正向回饋，確認寶寶對故事有正確解讀：「對呀！小雞們在哭，牠們好傷心。」另外，大人還可以問：「小雞媽媽怎麼了？」若寶寶回答：「哭！」大人應協助修正寶寶的解讀：「喔！小雞媽媽看起來有點像在哭，不過牠不是在哭。你看！牠不是從眼睛流眼淚，牠是從頭上流汗了！」

❺將故事內容連結到寶寶生活經驗，強化對故事的理解：

舉例 第六跨頁呈現各種可口點心的圖像。若寶寶也有與大人一起逛超市、商店的經驗，大人也可藉此畫面與寶寶互動、回溯真實的生活經驗。大人可說：「你看！這裡有布丁、果汁（指圖），你也喜歡吃布丁、喝果汁啊！昨天我們去便利商店也有買布丁和果汁，放在冰箱裡。」

❻提供線索、連結前後圖文，鷹架寶寶進行簡單推理或預測：

舉例 第七跨頁圖文呈現小雞媽媽急忙阻止超市店員結帳。為什麼小雞媽媽會慌張地揮手大喊呢？原來是因為小雞們買了一堆不該買的糖果餅乾啊！對1、2歲的寶寶來說，要理解圖文前後因果關係，是需要大人一點協助的。大人可以先引導寶寶觀察圖像：「小雞媽媽看起來好緊張的樣子喔！她揮揮手說：不行不行——請等一等！」再試著問：「小雞媽媽在跟誰說：不行不行——請等一等呢？」（**此時大人可指著圖中搬購物籃的動物店員，以作提示。**）最後才問：「小雞媽媽為什麼要急急忙忙跟店員說：不行不行——請等一等呢？」或許寶寶還無法用完整的敘述表達想法，他們可能是指著那一大籃的糖果餅乾、可能是說：「不能買糖果」……。這些回應都很棒，表示寶寶的大腦正在連結故事前後的因果關係，也在圖文的邏輯推理中，產生閱讀理解。

❼ 邀請寶寶回應對故事角色、事件的喜好或感受：

舉例 讀完故事後，大人也可和寶寶聊聊他們對故事的感受或想法。1歲半之後的寶寶通常可以回應大人簡單的問題，此時可以鼓勵寶寶把感覺說出來。剛開始大人問：「你喜歡小雞嗎？」寶寶或點點頭（搖搖頭）或只說：「喜歡（不喜歡）」；當寶寶口語表達較成熟後，大人還可進一步問：「為什麼你喜歡（討厭）小雞呢？）」、「你覺得小雞們怎麼樣？」藉此瞭解寶寶對故事角色或事件的評論。

★ 小筆記

寶寶口語能力尚未成熟，可能無法完整回答大人的提問，大人可先從讓寶寶表達對故事情節、角色的喜好開始，再視寶寶的認知與口語能力，進一步詢問寶寶的想法。

〔增添寶寶閱讀樂趣的策略〕

❶ 加入遊戲，邊讀邊玩：玩遊戲是生命的本能，也是寶寶展開學習的獨特方式。對寶寶來說，「書」是一種玩具；「閱讀」是和大人一起遊戲。在一邊聽著大人說說笑笑的聲音，一邊和書、和人進行有溫度的互動中，閱讀轉化為可以親身體驗的好玩遊戲。面對能讓人暢笑開懷的「書（玩具）」，寶寶一定愛不釋手。

台灣繪本閱讀推手——林真美在其著作《繪本之眼》（親子天下）（註⑱）一書中談到莫里斯・桑達克（時代雜誌譽為「童書界的畢卡索」）小時擁有第一本書的情況：「小桑達克把書直立在桌上看了很久，他聞聞書的味道、撫摸光滑的封面，最後，他咬嚐了書的滋味。」桑達克對書的回憶，傳神地描繪了小寶寶面對「書」時的熱情。

對寶寶而言，閱讀不僅限於看一看、聽一聽，他們要透過視覺、聽覺、味覺、觸覺和嗅覺等全身感官對書進行全面的體驗，因此，很多寶寶書會將可操作的遊戲（如：動手、動身體）設計在書頁當中。例如：《小寶寶翻翻書》（上誼）系列或《你是我的寶貝》系列皆設計鼓勵寶寶翻頁的互動遊戲，藉由大人的提問

〔★ 繪本資訊〕

《小寶寶翻翻書》（上誼文化）。
《你是我的寶貝》（小天下）。

註⑱：《繪本之眼》（2010）。林真美著。出版：親子天下。

引導，寶寶邊看、邊聽、邊動手翻，在尋找與發現的驚喜中，練習手指翻書的精細動作（大人可提示：翻下一頁！），也學習生活基礎認知概念。

值得一提的是《你是我的寶貝》（小天下）系列為「書中書」的特殊設計，在大動物包覆小動物的情節中，可以先和寶寶玩配對、拼圖遊戲（如：大貓配小貓），等到寶寶再大些，還可以進階到想像遊戲：「如果大獅子遇到小猴子，會發生什麼事？」還有《好吃的食物》（上誼）則是較少見的味道書，寶寶用手摩擦圖片後，可以聞到蘋果、蛋糕及各種食物的氣味。這類是閱讀也是遊戲的共讀經驗，會讓寶寶的感知更加敏銳，也讓閱讀這件事變得更加有樂趣。

❷ 運用道具：道具的運用能將平面圖像延展到立體空間，成為具體可觸的故事角色或場景，對增添共讀趣味有顯著的效果。

與寶寶共讀時，大人可選擇簡單的小道具作為說故事的輔助。諸如：棒偶、手指偶、手套偶或自製圖卡等，都是豐富故事內容的最佳工具。而這些與故事內容有高度相似的道具不只讓故事角色、場景從平面圖像中走出來，也可藉此和寶寶玩遊戲，增加親

〔★ 繪本資訊〕

《好吃的食物》（上誼文化）。

《好餓的毛毛蟲》（上誼文化）。

子互動。例如：《好餓的毛毛蟲》（上誼）可以用自製毛毛蟲圖卡鑽進書中食物小洞，或毛毛蟲手指偶在寶寶的小手、小腳和小肚子上爬呀爬，要找好吃的東西。道具的運用雖然可以增添閱讀樂趣，不過在使用上也要小心，別因此分散寶寶對書籍的注意力。建議道具僅作為共讀活動中的配角，書籍才是共讀時的主角喔！

大小快樂讀的貼心提醒

為寶寶說故事不僅是為了促進語言學習，豐富生活經驗，奠定讀寫能力基礎，更重要的是在分享故事的過程中，雙方貼心的肢體接觸、溫暖的言語互動，從而建立起彼此親密的互信關係。因著早期接觸書籍的經驗是如此美好，慢慢地，這份由共讀累積而來的幸福感，也將延續為寶寶對閱讀的熱情與興趣。

前一段落提供與寶寶共讀的實務操作方式，端視共讀目的、繪本特性與寶寶反應做彈性運用。為了讓寶寶和大人都能留下美好的共讀經驗，在共讀技巧、共讀時間以及閱讀環境準備等方面，筆者也有下列五點貼心小提醒。掌握正確的共讀態度，大小快樂讀，輕鬆非難事。

❶ **適時提供完整對話支持：**當寶寶無法回應大人的提問或回答語句不完整時，大人可自問自答或輔助寶寶回答完整語句。

寶寶大約在1歲後進入單詞期的詞彙發展，開始出現有意義的詞彙，如：ㄋㄟㄋㄟ、媽媽，直到約1歲半之後，詞彙量增加，逐漸進展到能使用雙詞來表達語意，如：媽媽鞋鞋。這時，雖然寶寶越來越會使用語言，但其表達的句型尚未完整，若大人經常**提供詳細的描述和完整的句型示範**，將有益於豐富寶寶詞彙、增進寶寶表達能力。

例如：《是誰在那裡呢？》（青林）每一頁有不同動物躲在圖像中（小鳥躲在樹上、馬兒躲在房屋前）。共讀時，大人問：「是誰在那裡呢？」寶寶可能用手指出動物躲藏的位置，或者說：「小鳥！」此時大人可將寶寶的回應用完整語句再複述一次：「答對了！小鳥躲在大樹裡。」透過大人的自問自答或協助寶寶將語句說得更完整，是為寶寶示範如何運用語言，同時也擴充了寶寶的語言經驗。

〔★ 繪本資訊〕

《是誰在那裡呢？》（青林國際）。

❷ 多讚美、鼓勵寶寶：與寶寶問答互動時，以正向語言回應寶寶，增加寶寶對閱讀的信心。

與寶寶進行共讀問答的目的並不在於要灌輸寶寶各種知識，而是要在有情感的互動、有情緒的投入中，讓寶寶體驗閱讀的樂趣，進而更願意表達自己的想法。因此，在與寶寶共讀互動時，大人別吝惜讚美寶寶的各種反應。

例如：出生3個月左右的寶寶會開始會發出一些無意義的咕咕聲，與寶寶共讀時，大人可以循著寶寶發出的聲音，也回以一個鼓勵的微笑說：「對呀！是呀！」在這一來一往猶如「對話」般的互動機制中，有助於寶寶發展對話輪替的模式。對語言能力較成熟的寶寶而言，他們與大人的共讀對話可就更豐富了。

當大人指著月亮圖像問：「這是什麼？」寶寶回：「月亮！」大人可鼓勵：「答對了！是月亮，好棒！」

或當大人指著獅子圖像問：「這是什麼？」寶寶回：「老虎！」這時大人不需立即指正：「不對！牠是獅子」，**大人可先肯定寶寶的觀察，再給進一步的引導，視寶寶的發展能力，輔助寶寶修正認知或直接提供解答**：「嗯！牠跟老虎有點像，有四隻腳、長尾巴，還有尖尖的爪子和牙齒，不過你看，牠的頭上有一圈鬃毛，牠叫獅子！（可邀請寶寶跟著複述一次可拿獅子與老虎的圖片對照）」大人以正向語言回應，一方面肯定寶寶對圖像的觀察（獅子與老虎的共同特徵），一方面不會打擊寶寶的自信，寶寶也會更樂於與大人分享想法。

❸ 運用各種共讀方法：同一本書，對不同發展階段的寶寶，會有不同的共讀方式；即便在同一時期，每次共讀的方式也可以有變化。

重複聽同一本書的渴望常會出現在寶寶的閱讀行為中。遇到這種情況，或許有些大人會覺得困擾。實際上，**重複閱讀的行為對寶寶的語言發展頗有助益**，而這也恰好展現寶寶對閱讀的熱情。因著寶寶喜歡重複閱讀的特質，我們可以反覆賞玩同一本書。正因為如此，大人可以運用不同的帶讀方式，從各種面向陪伴寶寶體驗閱讀的樂趣與深度。例如韻文類型的繪本，可以透過逐字朗讀的方式，完整欣賞文字、音韻的美感；抑或藉由圖像的線索，穿插對話式互動邊讀邊問，創造積極思考的空間。再者，與不同年齡、特質和發展能力的寶寶共讀同一本書時，帶讀方式也會有

個別差異。大人要用心觀察寶寶的閱讀反應，嘗試尋找適合彼此的共讀方式。

❹建立固定且持續的共讀習慣：每日固定至少一至二個時段與寶寶共讀，每次共讀時間長短可視寶寶狀況做適當調整。

閱讀不是本能，它需要經由後天學習才可獲得；閱讀習慣更非一蹴可幾，它需要大人長期的陪伴與示範（大人自己也要經常看書）方能養成。日常生活中，大人或許忙於工作而藉口沒有時間陪伴寶寶閱讀。其實，與寶寶共讀並不會花掉大人太多時間，大人（至少）可利用晚上睡前約10至15分鐘的時間，為寶寶說一本書，固定且持續地這麼做，寶寶一定會愛上閱讀。

特別需要注意的是，因為寶寶持續注意的時間較短（0至3歲平均約10～15分鐘），且容易受外在環境影響而轉移關注焦點，所以與寶寶共讀時，**大人不必要求寶寶當下一定要共讀完整本書**，即便剛開始只讀封面寶寶就不想聽，那也沒關係。或許寶寶現在只看1頁，等一會兒可能會看2頁、3頁，共讀的重點在於讓寶寶留下快樂的閱讀經驗，而非變成強迫讀書的壓力。另外，若寶寶只對書中某個焦點產生興趣，大人也可隨著寶寶的興趣，

〔★ 繪本資訊〕

《一開始是一顆蘋果》（小魯）。

先就單一焦點與寶寶互動，不必堅持詳述完整故事。例如：《一開始是一個蘋果》（小魯）由10種圖形串聯成有趣故事，內容包括數字、數量、命名以及視覺追蹤等訓練。一開始對小寶寶說這本書時，可以僅就關注蘋果的圖形，在愈趨豐富的畫面中，和寶寶玩「一顆蘋果在哪裡？」的遊戲。等到寶寶年齡稍長，可再進階到更複雜的圖文辨識與邏輯聯想遊戲。

❺ **營造舒適、開放的圖書環境**：安排開放的圖書環境，讓寶寶可以自由取用書籍，且允許寶寶在有興趣的情況下，有一段自由且獨立的閱讀時間。

不論在家中、托嬰中心或是居家保母的閱讀環境，照顧者為寶寶營造閱讀情境時應注意幾項原則：明亮、安靜、舒適、專屬閱讀以及開架展示。**閱讀空間可以安排在房間內靠牆的角落**，除了能稍微區隔環境中容易干擾、分心的訊息以外，也能塑造隱密有安全感的氛圍。而溫和充足的光線是非常重要的，可以保護寶寶眼睛的健康發展；再鋪上柔軟的地墊，準備一台簡易的音響（播放音樂、兒謠），一個溫馨、舒適的閱讀環境基本完成。若空間充足的話，也可以擺上適合寶寶身高的桌椅（以寶寶雙腳可以踩到地為原則）。

繪本的擺放位置，應以鼓勵寶寶自由取用為原則，千萬不要為了擔心寶寶破壞書籍的行為，而把所有的繪本都束之高閣，這樣由成人決定寶寶何時可以看書，可以看什麼書，反而會降低寶寶主動閱讀的興趣與動機。若空間足夠，可以擺設圖書櫃，專門放置繪本；若在有限的空間裡，則可以利用牆面作為展示封面繪本的支撐，同時陳列5至10本繪本，**允許寶寶可以看得到繪本的封面**，無形中可以**鼓勵寶寶自己選擇他想要看的繪本**，照顧者也可以藉此觀察，寶寶喜歡的繪本為何。

當然，繪本陳設的安排，還是需要針對寶寶的生理發展，進一步彈性調整閱讀空間。例如：三個月之後的寶寶俯臥抬頭漸穩，但因為還沒有自由行動的能力，所以需要大人主動把書放在寶寶面前。利用有彈頁設計的硬殼書或布書，讓寶寶透過抓、丟、推、拉等動作開始與書互動。為了配合爬行寶寶的視線高度，可以把繪本直立或攤開在地板上，吸引寶寶注意。

對於那些行動自如的寶寶，照顧者可以安排開放式圖書，允許寶寶自由取書。這時，寶寶常會帶著書在房間（教室）四處探索，或者就把書丟在半路上。此時，可以詢問寶寶閱讀本書的意願，若寶寶不想看書，便可引導寶寶將書放回原來的位置。

2、3歲的寶寶閱讀行為漸趨穩定，若寶寶願意自行拿書看，大人何妨也拿一本自己喜歡的書，陪伴在寶寶身邊，各自閱讀好書，不也是一段甜蜜的共讀時光。

筆記

Part 5

繪本可以這麼讀這樣玩

上一章我們詳細地介紹了各種與寶寶共讀的策略，但是，到底可以如何運用這些策略呢？因為成人在與寶寶共讀時會面臨到不同的情境，如面對不同年齡的寶寶，可能是家中一對一的方式，也可能是托嬰中心、保母家中；且每一本繪本都有其獨特的設計，適用於某一繪本的策略，並不一定完全適用於其他繪本。

因此，在挑選合適的繪本後，可以先判斷一下寶寶現階段的能力，當寶寶的口語能力尚未發展，成人可以提供較多的語言輸入（原文朗讀、加入音調的變化、或是口語描述故事內容），當寶寶開始牙牙學語時，則可以引導幼兒更多口語參與共讀過程。

為了讓讀者可以更詳細地了解共讀中可以使用的策略，我們挑選了34本繪本，逐一介紹每一本繪本的特色、潛在的目的（註⑲）（如共讀習慣的培養、共讀的樂趣、語文能力、圖像閱讀能力、生活習慣的建立、認知能力等等），並依據繪本的內容提供共讀的實例，希望藉此引導家長、托育人員或甚至說故事工作者，可以更深入地了解每一本繪本的特色以及可進行的延伸遊戲與討論活動。最重要的是，希望透過共讀，可以讓寶寶享受共讀的樂趣並且愛上閱讀。

註⑲ 身為教育工作者，很可能會把繪本當作是教學上使用的媒介，因此會希望在繪本中找尋有意義的教育目的；然而，從兒童文學創作者的角度來看，繪本是一個精心設計的藝術品，創作的過程中，不一定會刻意賦予該作品有特定的教育功能，有時只是希望分享一個有趣、充滿想像力的故事。讀者乃是主動建構意義的個體，可以藉由自己本身的經驗、所處的價值體系來詮釋這本繪本，甚至賦予新的意義。因此，在本書中，筆者仍希望強調享受共讀的樂趣、培養樂於閱讀的習慣乃是0至3歲階段的閱讀重點，透過與成人進行多樣性的共讀活動，語文學習、認知學習、及品格建立等附加能力則會隨之而來。

建議書單❶

· 書名：

《哇，不見了！》

· 文：松谷美代子

· 圖：瀨川康男

· 出版社：台灣麥克

圖片提供：
臺灣麥克出版社有限公司

繪本特色

「成人一邊用手（或用小手帕）遮住嬰幼兒視線；一邊輕輕說不見了！不見了！接著突然把手（或小手帕）移開，露出臉來，以洪亮的聲音說：哇！」這是1歲多嬰幼兒最喜歡玩的躲貓貓遊戲。嬰幼兒對「物體恆存」的概念尚未成熟，以為自己的眼睛沒看見，就表示物體消失，當物體因遮蔽物移除而突然出現時，嬰幼兒會對此情況感到驚奇不已。本書正是利用嬰幼兒的認知發展特質所創作的一本繪本。

圖中動物一個一個輪流用手遮眼，再突然打開，臉上掛著睜眼大笑的驚喜表情，像極了嬰幼兒玩躲貓貓時的神情，也像動物輪流和正在看書的嬰幼兒玩遊戲。文字編排同時也符合可預測性繪本的文字特性。例如：出現固定且重複的語句「不見了，不見了……啊！」、「哇！」以及加入部分詞彙變化元素「喵喵、小熊、小狐狸……」。《哇，不見了》圖文合奏儼然就是一本極富動態的遊戲書。最後還讓小寶寶出現在情節中，就像是直接邀請嬰幼兒加入躲貓貓的遊戲。共讀本書，成人與嬰幼兒也會很自然地玩在一起喔！

共讀策略使用

＊**吸引注意力：**共讀本書時，成人每讀到「不見了，不見了……」可做出疑惑的表情，同時逐漸降低音量，翻頁揭曉答案前，先暫停一秒，製造懸疑氛圍。接著突然迅速翻開下一頁，唸出「哇！」時，聲調提高，露出開心驚喜的表情。

這樣邊讀邊玩的共讀方式不僅能夠吸引嬰幼兒注意力，對於提升其閱讀理解也頗具助益。

＊**引導口語互動：**依據嬰幼兒的口語能力，成人可讓嬰幼兒參與不同程度的說故事工作。剛開始可以將動物「哇！」的部分交由嬰幼兒表現。當嬰幼兒逐漸熟悉內容，口說能力也較成熟時，成人可以問：「貓咪怎麼了？小熊怎麼了？」透過提問引導嬰幼兒說：「不見了，不見了……（貓咪、小熊）不見了，不見了」。

＊**描述圖像細節：**圖中小動物和小寶寶玩躲貓貓的遊戲笑得好開心。成人可以引導嬰幼兒辨識角色的情緒，如：小熊笑嘻嘻，他好開心。另外，本書在固定模式的圖文敘述中，也穿插增進互動的小變化。小老鼠躲起來這頁，文字並未說明答案，這時成人可說：「你看！他有一對大大的耳朵、捲捲的長尾巴，臉上有鬍鬚，他是誰呢？」

＊**使用書本相關字彙：**在與嬰幼兒共讀時，可以適度加入「這本書的名字是不見了不見了」、「書的封面上有一隻笑嘻嘻的小熊」、「書名頁這裡有一隻小老鼠」。

＊**延伸遊戲：**說完故事，成人可以延伸躲貓貓的遊戲，將原故事中的角色換成家人、嬰幼兒自己或嬰幼兒的布偶。例如：「不見了，不見了，啊！你看，媽媽不見了，不見了（用手或小手帕遮臉）」、「哇！（打開手或掀開手帕）」。此外，成人還可增加躲貓貓遊戲的肢體活動強度。例如：「不見了，不見了」——腳蹲下、雙手抱頭，縮小身體；「哇！」——站起成大字型，延展身體。

建議書單❷

- 書名：
  《你看到我的小鴨嗎？》
- 文、圖：南西・塔富利
- 出版社：阿爾發

圖片提供：
阿爾發國際文化事業有限公司

繪本特色

本書獲得一九八五年凱迪克榮譽獎，是南西最知名的繪本作品。全篇內容文字極少，精彩故事全由畫面傳遞訊息。從書名頁開始，一隻好奇小鴨奮力踏出小窩，順著小鴨離去的方向，嬰幼兒可以清楚看到小鴨離開的原因。另一端，窩裡其他小鴨一會兒齊聲呼喚、一會兒七嘴八舌，書裡的聲音頓時豐富起來。接著，鴨媽媽展開尋鴨之旅，有趣的是，鴨媽媽看不見好奇小鴨，但站在全知觀點（在故事之外看故事裡所發生的一切事物，對故事內所發生的事件、人物心態都很清楚。）的嬰幼兒卻可以很快找到小鴨在哪裡。像是在玩躲貓貓一般，嬰幼兒輕易就能投入故事情境，主動告訴鴨媽媽：「小鴨在這裡！」對1歲多的嬰幼兒來說，本書提供視覺追蹤的遊戲，讓嬰幼兒體驗不同高低遠近的空間距離；對3歲幼兒來說，書中出現各種繪製精準的生物圖像，例如：綠頭鴨、東部虎鳳蝶、綠簑鷺、油彩龜、河狸……等，提供嬰幼兒認識多元的生態樣貌，就連作者自己都表示，畫面出現的動植物，甚至是石頭，都應該畫得很正確喔！

＊引導口語互動：就像玩躲貓貓的遊戲一樣，成人可循故事文字，扮演鴨媽媽的角色。在翻頁間向幼兒提問：「你看到我的小鴨嗎？」藉由重複且相似的情境，嬰幼兒會逐漸理解問題的意思，自然展現一邊指、一邊說：「在這裡！」或「小鴨在這裡！」的口語反應。當嬰幼兒口語發展更成熟時，成人可以為嬰幼兒示範（或引導嬰幼兒說出）更完整的表達語句，如：小鴨坐在花朵裡、小鴨躲到大樹後面或小鴨游到橋下……等。如此，一則有助提升嬰幼兒表達性詞彙量，二則也學習空間辨識的認知概念。

＊描述圖像細節：由於本書文字量少，更需仰賴成人提供圖像細節的描述。從封面開始，成人可引導嬰幼兒數一數有幾隻小鴨？書名頁可提示「有一隻小鴨翻出小窩，牠要去哪裡呢？你看，這裡有一隻蝴蝶，小鴨要去追蝴蝶嗎？」故事進入第一跨頁，成人可看圖說故事，如：剛剛那隻追蝴蝶的小鴨愈游愈遠，小窩裡其他小鴨朝著牠游去的方向，大聲地呱呱呱，

叫牠趕快回來，別亂跑。

若嬰幼兒有足夠的表達能力，成人也可採問句的形式和嬰幼兒一搭一唱說故事，如：同樣第一跨頁，可問：「小鴨追蝴蝶愈游愈遠，其他小鴨怎麼了？牠們在說什麼呢？」共讀時，引導嬰幼兒注意鴨媽媽、其他小鴨和各種生物的互動情形、情緒轉折以及各角色可能會說的話，也可加入生態環境的細節描述，如：河邊、樹下或水中。豐富的圖像訊息描述對嬰幼兒理解與欣賞故事有極大的幫助。

＊**加入概念性詞彙：**本書圖像呈現豐富且寫實的生態樣貌，加上作者利用躲貓貓的互動遊戲，讓嬰幼兒對隱藏在畫面中的小鴨產生尋找的動機與樂趣，無形中將空間方位的概念偷渡在每個跨頁中。成人可以藉由描述小鴨隱藏的位置，將遠近、前後、上下的空間概念帶給幼兒，如：小鴨游得好遠（第四跨頁）、小鴨在石頭後面、小鴨在橋下面；當嬰幼兒對於圖片中的動物感到有興趣時，可以利用真實的生物圖片與繪本圖像進行對照，為嬰幼兒介紹名稱，如：綠頭鴨、大口鱸、鯰魚、河狸，並加以解釋這些動物特徵，鼓勵嬰幼兒想想

看這些動物有什麼特別的地方，或甚至帶嬰幼兒至動物園或水族館觀察，千萬別強迫嬰幼兒背誦這些生物的名稱，因為這年齡層的嬰幼兒更需要透過具體經驗來認識這個世界的知識。

＊**延伸遊戲：**2歲左右的嬰幼兒可以和成人進行故事角色扮演。先讓嬰幼兒扮演台詞簡短、固定的鴨媽媽：「你看到我的小鴨嗎？」由成人示範其他生物會如何回應鴨媽媽。在嬰幼兒有充足的故事互動經驗後，成人可以和嬰幼兒交換角色，讓嬰幼兒嘗試扮演不同情緒、特性的生物。

＊**討論故事：**3歲左右的幼兒可以嘗試與之談論「讀者站在全知角度」的概念。成人問：「鴨媽媽和其他動物有看到那隻追蝴蝶的小鴨嗎？為什麼他們都看不到呢？」「那有誰看到小鴨躲在哪裡？」（原來是站在故事外的嬰幼兒和成人才看得到小鴨躲藏的地方喔！）

建議書單 ❸

· 書名：

《顛倒看世界 我是誰？》

· 文／圖：MARUTAN

· 出版社：小魯

圖片提供：
小魯文化事業股份有限公司

繪本特色

《顛倒看世界 我是誰？》乍看是一本指物命名的寶寶書。然而經過作者巧妙的設計，一本書可以讓讀者正著看、倒著看；從頭（封面）看、往回（封底）看；換位思考，是兔子？還是無尾熊？哪邊是頭？哪邊是尾？變化無窮。因為習慣，人的思考常會固定路徑，固著的思維可能侷限看待世界多元的可能性。作者透過創意的圖像設計打破閱讀模式的慣性，提醒大小讀者：「看事情的方法不只一種喔！」

本書除了圖像正看、反看讓人有驚嘆連連的變化外，文字則從動物的外觀、動作以及生活習性進行描述，並於其間穿插形容動物聲音的擬聲詞，使得整本書同時兼具辨識動物形象的趣味與學習動物常識的認知。例如：同一跨頁中，圖像呈現一隻無尾熊閉著眼睛面對讀者，文字寫著「呼嚕呼嚕，在樹上打瞌睡。我是誰？」把書反轉一百八十度，圖像呈現一隻小兔子抬頭向上看，文字寫著「我有長耳朵，總是蹦蹦跳跳。我是誰？」在成人與嬰幼兒的共讀歷程中，成人可藉由圖文緊密的搭配，讓嬰幼兒一邊認識動物外觀，一邊連結動物特性；再利用圖像反轉的遊戲，一面增加閱讀書籍的樂趣，一面啟發嬰幼兒的創意想像。這類兼顧遊戲與閱讀特質的繪本十分受到大小讀者的喜愛。

共讀策略使用

＊**引導口語互動：**成人說故事時，可以利用本書反轉閱讀的設計，在翻轉繪本的同時，創造一句簡短而發音有趣的魔法咒

語，如：書中運用「咕嚕嚕，碰！」在每次反轉書時，邀請嬰幼兒一起念咒語，一方面促進嬰幼兒共讀參與感，一方面增添親子（師生）共讀的趣味性。此外，也可利用書中既有文字，成人反覆提問：「我是誰？」自然而然引發嬰幼兒說出動物的名稱「馬、企鵝、貓頭鷹、小狗……」。

＊**描述圖像細節：**除了辨認圖像畫出的動物外，成人還可進一步詢問如何辨識動物的外觀特徵。例如：「從哪裡看出牠是蛇？」、「怎麼看這是一隻鱷魚？牠的眼睛、牙齒在哪裡？」或者成人也可邊指圖邊描述：「這是大象的長鼻子、象牙和大耳朵。」、「這是天鵝的翅膀、長脖子和蓬鬆的尾巴。」

＊**加入概念性詞彙：**書中每一跨頁都有特別配置的主色系，如：馬與企鵝跨頁背景採銘黃色、猴子與熊跨頁採綠色……。與1歲多的嬰幼兒共讀時，也可藉此讓嬰幼兒認識顏色。例如：「（大象和天鵝跨頁）這是藍色」或「大象的鼻子會吸水、天鵝在水裡游泳，他們都喜歡水藍色。」

＊**使用書本相關字彙：**本書可以從封面開始看，也從封底往前讀。共讀時可適時加入書的結構名稱，如：「從前面的封面開始」及「從後面的封底開始」。

＊**延伸遊戲：**閱讀本書，除了把書反轉外，還有什麼方法能看到顛倒方向的圖形呢？成人可讓嬰幼兒嘗試反轉自己的身體，也能達到顛倒看書的效果喔！

＊**討論故事：**圖像透過主體和背景的相互印襯，有技巧地同時展現兩種動物形象。隨著嬰幼兒漸成熟，成人可引導嬰幼兒感受「作者如何運用並結合動物的外觀特質，創造視覺效果的驚喜」。例如：「章魚的腳變成麋鹿的什麼？」、「牛的鼻孔變成青蛙的……？青蛙的兩隻後腳變成牛的……？」

建議書單 ❹

· 書名：

《小金魚逃走了》

· 文／圖：五味太郎

· 出版社：信誼基金會

圖片提供：
信誼基金會出版社

繪本特色

本書作者為五味太郎，是日本著名的繪本作家與插畫家，其創作題材多元豐富，文字與圖像的表達總是充滿了幽默、驚喜與創意的元素。這本《小金魚逃走了》的繪本，描述了一隻紅色的小金魚從魚缸中逃走的故事，小金魚跳到窗簾上，花盆裡、電視機裡，最後跳進池塘，找到了牠的好朋友，就不再逃走了。這本繪本使用了簡單且重複的語句「小金魚逃走了，逃到哪裡去呢？」並搭配生動的圖像情節，對於正在發展口語表達能力的1至2歲嬰幼兒是容易理解的；此外，此階段的嬰幼兒也正在發展保留概念，喜歡玩躲貓貓的遊戲，作者刻意在繪本中設計與主角形體、顏色相仿的背景，可以引發嬰幼兒尋找「小金魚」的樂趣，增進閱讀的興趣與注意力。

共讀策略使用

＊**引導口語互動：**當成人每問一次「小金魚逃走了，逃到哪裡去呢？」除了可以鼓勵嬰幼兒指出小金魚在圖片中的位置，也可以鼓勵嬰幼兒說出「在這裡」。

＊**描述圖像細節：**成人可以重複與嬰幼兒共讀此書，當嬰幼兒對此本書越來越熟悉時，成人可以使用更多的語彙來描述這本繪本裡的圖像細節，例如：「小金魚本來住在魚缸裡，結果牠逃走了！」、「小金魚逃進了一個房間，這個房間裡有一個衣櫃，還有一隻襪子露在外面，牆上還有一幅畫，上面還有兩隻小金魚。」

＊**加入概念性詞彙：**除了描述圖像的細節外，還可以加入與嬰

幼兒生活相關的概念性字彙，如顏色、形狀、物品名稱等等。例如：「這是一隻紅色的小金魚」、「這個糖果罐裡有各種顏色的圓形糖果，有紅色、藍色、橘色。」

＊**使用書本相關字彙：**在與嬰幼兒共讀時，可以適度加入「這本書的名字是小金魚逃走了」、「我們來看看下一頁小金魚逃到哪裡去了呢？」、「故事講完了」。

＊**延伸遊戲：**成人可以拿一隻魚的玩偶、摺出一隻金魚或是畫一隻紅色的金魚，把金魚藏起來，讓嬰幼兒找找看小金魚躲在什麼地方。

＊**討論故事：**隨著嬰幼兒年紀的增長，成人可以和嬰幼兒討論，為什麼小金魚想要從魚缸逃走呢？為什麼小金魚逃到池塘裡以後，就不想要再逃走了呢？

建議書單 5

· 書名：
《變色龍捉迷藏》
· 文／圖：米津祐介
· 出版社：上誼

圖片提供：
上誼文化實業股份有限公司

繪本特色

對嬰幼兒來說，書本就像玩具；閱讀就像遊戲。共讀時可以動手動腳、嘻嘻哈哈正是最適合嬰幼兒閱讀的方式。《變色龍捉迷藏》採硬頁遊戲書的設計形式，不僅符合嬰幼兒閱讀時的遊戲需求，硬紙板材質也讓精細動作未成熟的嬰幼兒便於重複操作。

故事內容敘述一隻變色龍在找朋友，途中遇到蛇、大野狼和鱷魚！當變色龍即將陷入危險時，只要讀者動手拉一拉機關，就能幫助變色龍瞬間轉換為環境色，躲過被吃掉的危險。本書在封面、最末頁和封底都有特殊的轉盤設計，一方面讓嬰幼兒選擇自己喜歡的變色龍顏色，另一方面也讓嬰幼兒思考變色龍如何因應周圍環境，改變身上顏色。

共讀策略使用

＊**引導口語互動：**圖中蛇、大野狼與鱷魚起初只露出部分身體特徵，在拉開答案前，成人可問：「是誰躲在草叢裡？」、「是誰躲在石頭後面？」、「是誰躲在水裡面？」刺激嬰幼兒回應。再者，因書中文字具備重複句型的特性，成人可以在朗讀數次後（嬰幼兒熟悉文本），當又唸到重複的句型時，可以利用停頓，邀請嬰幼兒說出接續的句子。如：「糟了！那是一條蛇！」、「糟了！那是一隻大野狼！」、「蛇看不到他了」、「大野狼看不到他了」。

＊**描述圖像細節：**拉開書的互動設計，可以看見顏色鮮豔、造型細緻的動物圖像。成人可以加強描述動物的特徵，例如：

「蛇張開嘴巴，露出尖尖的牙齒、長長的舌頭」、「鱷魚瞪著眼睛，張開大嘴，牠的牙齒又尖又多」。

＊**加入概念性詞彙：**變色龍處在不同環境，身上的顏色也隨之轉變，除了讓嬰幼兒學習基礎的顏色認知，如：這是綠色！這是灰色！還可進一步連結顏色與環境物件的關係，如：綠色的草！灰色的石頭！咖啡色的樹幹！

＊**使用書本相關字彙：**封底的變色龍也可利用轉盤設計變化身上顏色，成人可帶著嬰幼兒轉一轉，找一找哪個顏色、圖形與底下的ISBN條碼相似。如：「你看！變色龍身上也有書的ISBN條碼」。

＊**延伸遊戲：**用硬紙板畫（描）出書中變色龍，然後剪下，此時書中角色走到嬰幼兒身邊，可以開始與之遊戲。準備數張彩色透明片（可利用各種顏色的透明資料夾）和實物圖片（圖片顏色需與彩色透明片相同）。例如：當成人問：「變色龍爬到紅蘋果上面，牠會變成什麼顏色呢？」請嬰幼兒操作紙板變色龍，找一找變色龍應該放在哪張彩色透明片之下。

＊**討論故事：**成人可以問嬰幼兒：「為什麼變色龍要一直變顏色呢？」

建議書單 ❻

· 書名：

《棕色的熊，棕色的熊，你在看什麼？》

· 文：比爾・馬丁

· 圖：艾瑞・卡爾

· 出版社：上誼

圖片提供：
上誼文化實業股份有限公司

繪本特色

本書繪者艾瑞・卡爾是當代極知名的童書創作者。他的作品《好餓的毛毛蟲》已被翻譯超過60種語言，美國《出版者周刊》評為「所有時代最暢銷童書」之一。現年86歲的艾瑞・卡爾（1929年生）仍持續創作，其作品已逾70餘本。本書的圖像在艾瑞・卡爾多層次的彩紙拼貼技巧下，每種動物呈現奔放不羈的色彩，例如：馬可以是藍色、貓可以是紫色，開啟讀者不設限的藝術視野；同時透過拼貼手法形塑動物造型，更讓畫面自然流露純真的童趣。書中文字設計同樣極具巧思並貼近1至2歲嬰幼兒閱讀特性。「棕色的熊、棕色的熊，你在看什麼？」、「我看見一隻紅色的鳥在看我。」、「紅色的鳥、紅色的鳥，你在看什麼？」……在一問一答充滿韻律、節奏的重複句型中，嬰幼兒逐漸能掌握故事結構，有邏輯地預測後續情節；固定語句反覆在不同跨頁中出現（如：你在看什麼？），有助於嬰幼兒理解語句意義；而動物命名及色彩認知更透過圖文對應的方式清楚地在嬰幼兒眼前展開。

共讀策略使用

＊**原文朗讀：**建議第一次共讀本書時，可以先完整地朗讀一次，讓嬰幼兒對故事有整體概念。朗讀時，運用清楚地斷句、輕重音的變化更能靈活呈現文字的節奏感。

＊**引導口語互動：**在重複共讀時，若嬰幼兒「願意」與成人對話互動（不需要勉強孩子），成人可問：「熊在哪裡？」、「這

是什麼動物？」、「小狗是什麼顏色？」、「青蛙（小貓…）怎麼叫？」鼓勵嬰幼兒透過指出、說出自己的理解與想法。

＊**描述圖像細節：**故事結尾的焦點從動物轉換到人的身上。首先出現的是老師，成人可以提供更豐富的圖像訊息，像是「老師的頭髮短短的，穿著綠色衣服還有戴眼鏡」；接著出現孩子們，「有好多小朋友，一起數一數有幾個小朋友？」、「哪個是男生？哪個是女生？」這些在故事中未出現的文字除了增添嬰幼兒的語彙量，也提醒嬰幼兒圖像也有傳遞的故事，練習從圖像獲得資訊。

＊**延伸遊戲：**

1. 以讀詩或唸謠的方式，和嬰幼兒一起朗讀，可邊讀邊用手打拍子。
2. 成人可以和嬰幼兒一起模仿各種動物的叫聲和走路的樣子。

＊**討論故事：**可問嬰幼兒「最喜歡哪一種動物？為什麼喜歡呢？」

建議書單 ❼

· 書名：**《來跳舞吧！》**

· 文 / 圖：高畠純

· 出版社：天下雜誌

圖片提供：
親子天下股份有限公司

繪本特色

《來跳舞吧！》圖文編排符合可預測性繪本結構，2至3歲的幼兒只要聽過一次，幾乎可以跟著成人再從頭朗讀一次。故事從書名頁開始，一隻面無表情的粉紅豬拿著草裙，準備要跳舞；下一頁，粉紅豬圍著草裙、墊起腳尖，伸長手臂扭頭擺動，嘴裡唱著：「咩嘍咩嘍　呼啦呼啦　咩嘍咩嘍　呼啦呼啦」。之後馬、狗、河馬、大象……等動物延續相同的模式，每兩跨頁完成預備動作和舞蹈動作。動物們時而獨舞，時而雙人舞或群舞，舞動時，各個神情詼諧、肢體逗趣，無不引得大小讀者捧腹大笑。

書中文字不斷重複「…要跳舞囉」、「咩嘍咩嘍 呼啦呼啦咩嘍咩嘍 呼啦呼啦」，語音讀來充滿趣味，嬰幼兒反覆聆聽後，自然會跟著成人唱和好玩的聲音。圖像呈現動物滑稽的舞蹈，間接傳遞動一動的訊息，最後更直接邀請讀者起身跳舞。由於1歲之後的學步兒樂衷走動，容易被其他事物吸引，因此專注閱讀的時間可能較短暫，像《來跳舞吧！》這類能夠邊讀邊動的繪本，不僅符合此階段嬰幼兒的閱讀需求（坐不住，需要起身活動）；透過幽默的圖文合奏，還能讓嬰幼兒體驗閱讀的樂趣。

共讀策略使用

＊**原文朗讀：**書中出現各種動物上場跳舞，在朗讀「咩嘍咩嘍 呼啦呼啦」的句子時，成人可藉由「模仿動物跳舞動作」及「展現動物聲音特色」，讓故事角色的形象更立體化。例如：

河馬和大象跳舞時，成人可做出較緩慢的扭動與笨重的腳步，可用較低沉、慢速的聲音詮釋大型動物唱歌跳舞的樣貌。

＊**引導口語互動：**「咩嘍咩嘍 呼啦呼啦」不斷在故事中重複出現，成人可在朗讀二至三個動物後，當又再唸到此固定句時，可問幼兒：「狗怎麼跳舞呢？大象怎麼跳舞呢？章魚怎麼跳舞呢？……」引導嬰幼兒一起說：「咩嘍咩嘍 呼啦呼啦」。

＊**描述圖像細節：**動物跳舞前手中都會拿著一件道具，跳舞時有些道具圍在腰間，有些當成彩帶或裝飾，模樣顯得逗趣。成人除了為嬰幼兒朗讀有趣的文字聲音，還可引導嬰幼兒進一步觀察圖像，例如：「你看！小豬手上拿著黃色稻草，（翻頁）稻草變成小豬的草裙了」、「每隻紅鶴都拿著一條紅色緞帶，紅緞帶可以做什麼呢？（翻頁）哇！紅緞帶變成紅鶴脖子上的領結了」。

＊**使用書本相關字彙：**共讀完本書後，可帶著嬰幼兒觀察前後蝴蝶頁有趣的人形跳舞圖，「蝴蝶頁上面有好多小朋友在跳舞喔！我們也一起來跳舞吧！」

＊延伸遊戲：

1. 引導嬰幼兒觀察蝴蝶頁上的人形舞蹈動作，邀請嬰幼兒逐一模仿不同的舞蹈動作。
2. 除了故事裡出現的動物會跳舞，成人也可和嬰幼兒共同創造其他動物跳舞的動作，如：「小鳥要跳舞囉 咩嘍咩嘍 呼啦呼啦 咩嘍咩嘍 呼啦呼啦」（可震動雙手當作翅膀飛舞）或是「蛇要跳舞囉 咩嘍咩嘍 呼啦呼啦 咩嘍咩嘍 呼啦呼啦」（可在地板上爬行扭動）。

建議書單 ❽

· 書名：**《你是一隻獅子！跟著動物們一起做運動》**
· 文／圖：俞泰恩
· 出版社：天下雜誌

圖片提供：
親子天下股份有限公司

繪本特色

靜態閱讀也可以引發動態活動，《你是一隻獅子！》正是這樣一本繪本。作者用簡單明瞭的文字說明動作進行方式「坐下，坐在你的腳後跟上。雙手放膝蓋上，伸出舌頭！」同時，利用圖像清楚呈現動作示範。有趣的是，在翻頁間預留伏筆「現在你是……」激發嬰幼兒創意想像——我會變成什麼呢？

共讀本書時，成人讀著文字，幼兒很自然會開始模仿圖像裡的動作。此時成人可藉由口頭及肢體上的引導，幫助嬰幼兒辨識動物特色與執行動作，在邊讀邊玩的親子遊戲中，一方面培養嬰幼兒敏銳的觀察力，一方面引領嬰幼兒體驗閱讀多元的可能性及樂趣。在有讀有動、富饒趣味的親子互動中，親密而有品質的親子關係便由此建立。

共讀策略使用

＊**引導口語互動：**每轉換一種新的動物，成人會問：「現在你是……」這時先別急著翻頁揭曉答案，可以試著讓嬰幼兒聯想，等待嬰幼兒回應，這個動作像什麼動物呢？此外，還可以問嬰幼兒各種動物的叫聲，如：獅子會怎麼叫？蛇會發出什麼聲音？倘若嬰幼兒對故事內容熟悉，還可將說故事的主導權交給嬰幼兒，由嬰幼兒發號施令，成人做動作。

＊**描述圖像細節：**除了和嬰幼兒一起跟著故事動一動外，書中豐富的圖像語彙也很值得和嬰幼兒聊一聊。例如：「這座花園裡有好多綠樹，有幾個小朋友坐在草地上？」、「看看他

們頭髮和皮膚的顏色都不一樣，他們在做什麼呢？」接著成人可引導嬰幼兒觀察、比對圖像如何呈現「動物與人」的相似處，如：「小男生那些動作和獅子一樣？」、「小女生的動作為什麼和蛇很像呢？」藉此培養嬰幼兒觀察力。

＊**加入概念性詞彙：**書中解說動作步驟使用精準的身體部位名稱，如「腳後跟、膝蓋、腳掌、腳趾、臀部」。建議帶讀時，唸到各個身體部位名稱，成人可牽著嬰幼兒的手摸摸自己的身體部位，如：「這是你的腳趾。」幫助嬰幼兒認識自己的身體。

＊**延伸遊戲：**本書內容儼然是一本遊戲書，嬰幼兒邊聽故事，小手小腳肯定跟著熱烈參與。除了故事裡所提及的動物與高山，成人還可以加入其他動物、植物以及風、雨、雲等自然現象。例如：成人敘述情境，引導嬰幼兒做動作「躺在地上，把身體緊緊縮成一團，現在你是……一顆種子，澆澆水，種子長出根、發了芽」藉由提供嬰幼兒想像情境，鼓勵嬰幼兒探索肢體變化、延展的可塑性。

＊**討論故事：**適度的運動與休息不僅讓人身體健康，也讓人保

持愉快的心情。故事最後引導讀者慢慢放鬆身體，安靜下來。成人可以問問嬰幼兒：「為什麼故事裡的小朋友都躺在草地上？他們的心情是開心還是不開心？為什麼呢？」

建議書單 ❾

- 書名：**《誰大？誰小？》**
- 文／圖：G.V. 傑納頓
- 出版社：小魯

圖片提供：
小魯文化事業股份有限公司

繪本特色

比利時圖畫書作家G.V.傑納頓出的一系列寶寶書都頗有新意。這本《誰大？誰小？》的每一跨頁裡，都只出現一群同一種類的動物，但在這群動物裡，作者賦予每隻動物不同的體形、神態，甚至會在某隻動物身上藏著有趣的小秘密，等待讀者發現。

作者利用相同動物，但不同外觀的特性，將描述狀態的形容詞（大小、胖瘦、長短、高興、難過、髒兮兮、乾乾淨淨、打開、關上、跑停、睡著、醒著……）自然且有趣地融入故事內容。由於同一種動物的顏色、輪廓相似，只在局部細節有差異，因此增加尋找答案的難度，讓視覺辨識的遊戲更具挑戰。如：大小不一的大象散佈在畫面中，文字提問：「誰很大？誰很小？」再仔細看，有隻大象頭上戴著慶生帽、有隻大象的尾巴捲一圈。文字又問：「誰有捲捲的小尾巴？」、「誰準備去參加派對呢？」2歲左右的幼兒喜歡指認圖像細節，本書透過可愛的動物造型夾帶變化多端的圖像細節，讓嬰幼兒在尋找目標的過程中充滿驚喜與樂趣，讀完一遍肯定會說：再一遍！再一遍！

共讀策略使用

＊**引導口語互動：**成人與嬰幼兒口語互動的難度應視嬰幼兒發

展能力而有所調整。當成人問：「誰很高興？誰很難過？」剛有口語能力的嬰幼兒可能僅會回應：「牠（指出位置）」。待嬰幼兒口語能力漸成熟，成人可邀請嬰幼兒說明原因。例如：「你怎麼知道只有牠很難過，其他都很開心？」引導嬰幼兒說出：「這隻斑馬在哭，其他斑馬都在笑。」

＊**描述圖像細節：**雖然同一跨頁僅出現一種動物，但當中卻隱藏豐富的圖像細節。以企鵝跨頁為例，成人可邊說邊指圖：「下雪了，有六隻企鵝排隊走路。」、「企鵝有的胖有的瘦，這隻的眼睛看後面；這隻手上提著禮物」。

＊**加入概念性詞彙：**書中文字提供豐富的概念性詞彙指引，同時搭配圖像讓嬰幼兒更易於理解詞彙的意義。例如：文字提問「誰很大？誰很小？」成人可運用圖像說明「大小」概念——「這隻大象身體很大，這隻小象身體很小」說到「大」，可把音量、動作放大；說到「小」，則把音量、動作縮小。又如：文字提問「誰髒兮兮？誰乾乾淨淨？」成人邊說邊指圖：「水裡有三隻魚身上黑黑的，看起來髒兮兮；其他魚身上沒有黑黑的，看起來乾乾淨淨」。

＊**延伸遊戲：**書中「誰……？誰……？」的句型可以延伸到日常生活中繼續與嬰幼兒互動。例如：「誰很高？誰很矮？」、「誰穿紅色？誰穿藍色？」、「誰坐著？誰站著？」、「誰是媽媽？誰是小寶貝？」……。

＊**討論故事：**除了回應書中文字提問，找出對應的動物外型與狀態。成人可利用最末頁與嬰幼兒進行故事統整與詮釋的邏輯思考。首先，帶著嬰幼兒在各跨頁與最末頁間來回翻頁比對：「大象、企鵝、鱷魚、斑馬……各自帶什麼東西參加派對？」找出每種動物準備的禮物後，問問嬰幼兒：「咦！哪種動物沒出現在生日派對上？這動物準備了什麼禮物？在派對上有看到這個禮物嗎？」（小魚準備裝飾生日快樂的旗子）最後，可和嬰幼兒討論：「為什麼小魚的禮物送到了，可是沒有看到小魚在派對裡呢？」「動物們今天在幫誰慶祝生日呢？」

建議書單 ⑩

· 書名：
《這是誰的腳踏車》
· 文 / 圖：高畠純
· 出版社：青林

圖片提供：
青林國際出版股份有限公司

繪本特色

日本童書作家高畠純的繪本總是充滿幽默、童趣的想像，閱讀其作品無不令大小讀者捧腹大笑。《這是誰的腳踏車》文字從幼兒熟悉的問答句出發，運用「這是誰的腳踏車？是我的腳踏車。」一問一答的互動模式，串聯各個角色輪番上場。圖像呈現文字未說明的幽默趣味點。例如：圖中小男孩看見前方一輛長長的腳踏車，正在納悶是誰的腳踏車？下一頁由圖像揭曉答案，原來是長長鱷魚的腳踏車。全書透過動物接棒騎腳踏車前行的空間位移，凸顯各式腳踏車構造與其使用者之間的合身關係（正是這「合身關係」引人會心一笑）。

本書文字簡潔，線條與顏色單純、鮮明，整體設計很適合嬰幼兒閱讀。再加上作者極有創意的各式腳踏車造型，嬰幼兒自然會被吸引，開始玩起「猜猜這是誰的腳踏車？」遊戲。在猜猜看的遊戲互動中，不僅激發嬰幼兒想像力，同時也培養其邏輯推理能力，懂得思考鱷魚、大象、鼴鼠……等動物適合不同構造腳踏車的原因。

共讀策略使用

＊**原文朗讀：**朗讀本書時，成人可以透過聲音及表情呈現動物互相問答的情境，更能增添嬰幼兒聆聽故事的趣味性。例如：朗讀疑問句「這是誰的腳踏車？」句尾音調漸上揚，作出疑惑的表情；讀到回答句「我的腳踏車。」句尾音調漸下沉，作出肯定的表情。另外，不同動物可以運用不同聲調、

語氣來表現，如：大象可以使用低音、緩慢的語調；變色龍可以使用調皮、輕快的語調……。

＊**引導口語互動：**書中圖文以兩個跨頁「一問一答」的設計，營造成人與嬰幼兒自然互動的情境。成人只要跟著文字讀：「這是誰的腳踏車？」自然引發嬰幼兒回答的反應。另外，成人可在朗讀時加入簡單的音樂旋律，重複數次後，嬰幼兒也會自然加入哼唱的行列。例如：在每種動物騎著腳踏車前行這頁，隨著動物一面移動，成人一面哼唱：「啦～啦啦～啦啦！啦～啦啦～啦啦！」（旋律自編）。

＊**描述圖像細節：**圖像傳遞的訊息是本書趣味所在。成人可描述動物與其腳踏車之間的合身關係。例如：「鼴鼠在暗暗的地底隧道走，他的腳踏車前面需要有亮亮的車燈。」若嬰幼兒口語表達較成熟，成人亦可用提問的方式引導嬰幼兒描述圖像細節。如：「為什麼鼴鼠的腳踏車前面有亮亮的燈？」

＊**加入概念性詞彙：**本書透過「我的」「我們的」蘊含「所有權」的概念。帶讀時，除了可適時加入「這是變色龍的（腳踏車）」「這是袋鼠家的腳踏車」，也可在生活中延伸「這

是誰的故事書？」、「這是誰的鞋子？」……。

＊**延伸遊戲：**利用硬紙卡剪下各種幾何形狀，讓2至3歲幼兒負責為紙卡上色（目的僅在增加幼兒參與度，不須要求幼兒塗滿色卡），再引導幼兒利用紙卡排列組合，設計自己的或不同動物的腳踏車。或者，就帶著幼兒一起去騎腳踏車吧！

＊**討論故事：**最後一頁，小蝸牛坐上小女孩的腳踏車。可和嬰幼兒一起想想：「為什麼小蝸牛坐在小女孩的腳踏車上？」、「小蝸牛的腳踏車呢？」、「小蝸牛怎麼騎腳踏車呢？」

建議書單⑪

・書名：

《小雞逛超市系列——小雞過生日》

・文/圖：工藤紀子

・出版社：小魯

圖片提供：
小魯文化事業股份有限公司

繪本特色

小雞系列鮮活的圖像與貼近生活的主題深受大小讀者的喜愛。《小雞過生日》是此系列的第三部，採用小讀者喜愛且有經驗的「生日」主題呈現，細緻的筆觸畫出令人垂涎欲滴的蛋糕、甜點以及琳瑯滿目的玩具商品，用色豐富柔和、線條精緻圓滑，畫出小雞一家幸福溫馨的生活寫照，父母與嬰幼兒共讀更能感受當中的溫暖與甜蜜。

本書圖像細節豐富，特別吸引2歲以上的嬰幼兒對圖像進行觀察與指認。成人可透過圖像提問，邀請嬰幼兒找一找，如：哪些蛋糕上面有草莓？小兔子姊妹在玩什麼？這類尋找遊戲更能讓嬰幼兒沉浸於共讀活動中，還能讓他們從發現答案的驚喜中獲得成就感，建立獨立閱讀的自信。

共讀策略使用

＊**引導口語互動：**小雞系列圖像細節豐富，成人可藉由提問圖像訊息促進共讀互動，如：成人問：「巧克力蛋糕在哪裡？」

嬰幼兒可指著圖說：「在這裡！」或者成人問：「你喜歡哪個蛋糕（或玩具）？」嬰幼兒可自由表達自己的想法。另外，當唸到小雞一家開始慶生時，成人可帶著嬰幼兒一起唱生日快樂歌（還可用台語、英語等不同語言唱生日歌曲喔）。

＊**描述圖像細節：**除了文字敘述的故事主軸，圖像也隱藏有趣的小故事。成人可藉由描述圖像細節，培養嬰幼兒讀圖能力。例如：「你看！熊貓寶寶被突然彈出來的玩具嚇了一大跳」或者「河狸寶寶戴著忍者戰隊的變身腰帶和眼鏡，牠好想要買忍者戰隊的玩具喔！可是河狸媽媽搖搖手說不行，河狸寶寶哭著說：我要買這個！」

＊**加入概念性詞彙：**書中有各種動物、食物以及玩具等豐富圖像，成人可邊指圖邊說明，運用圖像拓展嬰幼兒概念性詞彙。如：「這是蛋糕！」、「這是餅乾！」或者「總共有四隻小豬和一隻豬媽媽」。

＊**討論故事：**《小雞過生日》所呈現的蛋糕店、玩具店與慶生會場景，相當貼近嬰幼兒的生活經驗，成人可藉此引發嬰幼兒回溯、連結個人真實經驗。如：小雞們生日，公雞爸爸送望遠鏡當生日禮物，你生日的時候爸爸媽媽送你什麼禮物呢？那爸爸媽媽生日時，你想送他們什麼禮物呢？

建議書單⓬

· 書名：

《貝蒂好想好想吃香蕉》

· 文／圖：

史帝夫 · 安東尼

· 出版社：天下雜誌

圖片提供：

親子天下股份有限公司

繪本特色

本書原文《Betty goes bananas》是利用美國習慣用語（go bananas：焦急煩躁、情緒失控），創造黑猩猩貝蒂「為香蕉情緒失控」的趣味雙關作品。作者以小黑猩猩貝蒂和一根香蕉三次「交手」的戰況，描繪幼兒面對挫折時的情緒失控行為以及透過引導，學習自我調適的歷程。圖像上，貝蒂五比五的短胖身材，加上粉紅頭飾和洋裝的可愛造型，深受大小讀者喜愛。

《貝蒂好想好想吃香蕉》在連續三個相同的情節模式中，出現同樣的話、同樣的行為「貝蒂哭了。哇哇哇……！」、「她吸吸鼻子，哼哼！哼哼！」、「踢上踢下，碰碰！碰碰！」、「大聲尖叫，啊啊啊……！」這樣的故事結構讓嬰幼兒在聆聽時，能夠因可預期的內容，而對故事產生熟悉、安心的感受。2歲左右的孩子甚至會在同樣的情節出現時，主動扮演說故事的角色。

從教養的角度來看，幼兒在成長的歷程中，常會經歷想要自己做，卻又做不好的情況（如：想自己穿褲子，腳卻套不進去；想把積木堆高，卻一下子就倒下），而導致以哭鬧來表達自己的挫折。本書的配角——大嘴鳥引導貝蒂的方式，可以幫助成人理解幼兒面對挫折時可能的情緒表達，也示範了情緒教育的引導策略，是一本大人小孩都值得一讀的好作品。

共讀策略使用

＊**引導口語互動：**書中出現三次相同的故事內容，在讀到第二次、第三次相同情節時，可以將部分說故事的工作交給嬰幼

兒。成人問：「貝蒂哭了。她怎麼哭？」、「她吸吸鼻子。怎麼吸鼻子？」或者適時利用停頓，讓嬰幼兒接續故事，如成人說：「直到，她終於……（停頓，讓嬰幼兒接「平靜下來」）」、「大嘴鳥先生說……（停頓，讓嬰幼兒接「你不需要這樣」）」。

＊**描述圖像細節：**在嬰幼兒完整讀過一遍故事後，成人可以再回過頭和嬰幼兒說說圖像中有趣的細節。如：一翻開蝴蝶頁就可以看見很多的香蕉；書名頁中貝蒂，兩眼斜斜地看著一旁的香蕉，顯示她多麼渴望吃香蕉；「貝蒂從香蕉尾端剝不開香蕉（可以讓孩子嘗試從香蕉兩端試剝看看）」、「貝蒂哭哭、踢上踢下、大聲尖叫的時候，旁邊都變成紅色。貝蒂平靜下來的時候，旁邊又變回原來的黃色。」、「大嘴鳥先生幫貝蒂剝開香蕉後，貝蒂開心嗎？（引導嬰幼兒觀察貝蒂的表情）」

＊**延伸遊戲：**

1. 除了可以讓2至3歲的幼兒實際練習剝香蕉的方法，還可以讓幼兒嘗試剝除不同水果皮，如：橘子（建議成人先剝除部分果皮，留下少部分讓幼兒「幫忙」）。這類的實務操作一方面訓練幼兒的精細動作，一方面也是帶著幼兒認識食物、體驗生活。

2. 大約1歲半以上的嬰幼兒，就已經能夠了解鏡中的自己是反射影像，因此，可以利用家中或者托育環境中的鏡子，引導嬰幼兒觀察鏡子中的自己與成人，做出開心、生氣、傷心……等情緒表情。

＊討論故事：

1. 成人可以帶著嬰幼兒回顧故事內容：「一開始貝蒂為什麼哭？」、「剝開香蕉皮後，貝蒂為什麼哭？」、「最後貝蒂為什麼哭？」
2. 本書結尾開啟一段新的故事：貝蒂看見另一根香蕉……。成人可以和嬰幼兒共同創作接下來會發生的故事，例如：「剛剛大嘴鳥先生有教過貝蒂剝香蕉，現在她又看見另一根香蕉，你覺得她會剝開香蕉嗎？怎麼剝？為什麼？」

教養小提醒

2至3歲的嬰幼兒正處於艾瑞克森社會心理發展理論「自主與羞愧懷疑」的階段，嬰幼兒若能從走路、進食等生活細節中學習獨立，並得到成就感，其「自我效能」就能提昇，反之，若其嘗試自主行為動作受到處罰或壓抑，很可能會對自己產生懷疑與羞愧。因此，當幼兒面臨學習上的挫折時，成人可以先同理嬰幼兒受挫的心情，以口語描述嬰幼兒當下的情緒狀況，「我知道你現在很傷心，因為……」，再鼓勵並陪伴他繼續嘗試。

建議書單 ⓭

· 書名：《彩色點點》
· 文／圖：赫威 · 托雷
· 出版社：上誼文化

圖片提供：
上誼文化實業股份有限公司

繪本特色

繼《小黃點》之後，法國童書作家赫威 · 托雷再度帶來令人眼睛為之一亮的繪本創作。《彩色點點》創作手法與前一本相似，作者透過指令與讚美的口語引導，邀請嬰幼兒參與書中遊戲，營造猶如作者現身與嬰幼兒互動的情境。

本書以混色作為認知概念的基礎，用玩的方式引領幼兒在翻頁間看見「藍加黃變綠」、「紅加藍變紫」、「黃加紅變橘」以及「加白變淡（亮）」、「加黑變深（暗）」等各種色彩變化的魔法。赫威．托雷擅長創作互動性、遊戲性極高的繪本。成人只要跟著書中文字唸，就能輕易地帶著嬰幼兒走進書的世界，一邊玩、一邊讀、一邊學，閱讀樂趣自然生成，還能引出幼兒實際操作的興趣。讀完本書，一定要帶著嬰幼兒動動手，和色彩遊戲一番喔！

共讀策略使用

＊**引導口語互動：**只要利用書中豐富的指令問句，嬰幼兒自然會與成人產生頻繁的遊戲互動。例如：成人問：「準備好了嗎？」嬰幼兒回：「好了！」、「準備好了！」或成人邀請「把書用力搖一搖，看看會發生什麼事？」此時成人讓嬰幼兒拿著書搖一搖（直接操作），再翻頁，嬰幼兒可能會說：「綠色！」上述這些口語回應及肢體操作並不需刻意設計，它是共讀本書自然會發生的互動過程。此外，這樣一問一答的對話互動不僅提升嬰幼兒理解問題與口語表達的能力，同時也

幫助嬰幼兒學習對話輪替的社會互動技巧。

＊**描述圖像細節：**當嬰幼兒詞彙量少，還無法清楚回應成人的提問時，成人可自問自答，並完整描述圖像變化的過程（包括辨認顏色、執行動作與改變結果）。例如：「藍色加上黃色，塗一塗，變成綠色」、「黃色和紅色用力蓋起來，再打開，橘色都噴到旁邊了」。藉由充分描述圖像細節，為嬰幼兒示範如何完整表達故事情境，漸漸地，嬰幼兒表達性詞彙會更加豐富，觀察能力也會更加敏銳。

＊**加入概念性詞彙：**本書提供豐富的「顏色」擴展嬰幼兒對色彩的認知。建議可先從簡單的辨認顏色名稱開始，如「這是紅色、這是紫色」，接著延伸混色概念，如「紅色加黃色變成橘色」。另外，書中也提到各種「動作」詞彙，如「碰一下」、「沾一點」、「抹一抹」、「搖一搖」和「把書闔上」……這類與動作相關的詞彙，成人可以一邊說，一邊示範或引導（牽著嬰幼兒的手一起做），有助於嬰幼兒理解此動作的意涵。

＊**延伸遊戲：**玩色彩遊戲的方式非常多，成人可發揮創意，運用不同素材帶著嬰幼兒動手體驗混色樂趣。例如：使用安全無毒的手指膏，讓幼兒可以手沾顏料，直接在畫紙上塗抹，嘗試創造混色的經驗；利用紅黃藍三色透明玻璃紙，將顏色兩兩重疊，看看有什麼變化？或者進行有趣的滾珠畫、吹畫（可用吸管）和對稱畫（將對摺的紙攤開，在紙上擠出少許手指膏，再把紙對摺用手指輕壓，最後慢慢打開紙），簡單的美術遊戲都可以讓嬰幼兒看見繽紛的混色魔法喔！

建議書單 ⓮

· 書名：**《小象散步》**
· 文／圖：中野弘隆
· 出版社：天下雜誌

圖片提供：
親子天下股份有限公司

繪本特色

《小象散步》在一九六八年出版，內容簡潔、溫暖，至今仍廣受大小讀者喜愛。作者在時隔三十五年後，再度以同樣的角色創作了《小象的雨中散步》（2003年）和《小象的風中散步》（2005年），三本繪本皆符合嬰幼兒閱讀特性，線條、造型簡單且具象；文字、情節明快且有重複性，是值得嬰幼兒閱讀的經典繪本。

攤開封面和封底平放一起閱讀，造型圓潤的小象、河馬和鱷魚正疊羅漢、往前看，逗趣的畫面馬上吸引嬰幼兒目光。從書名預測動物們可能要去散步，但是，為什麼要疊羅漢去散步？牠們會發生什麼事呢？故事就在小象與小河馬、小象與小鱷魚以及小象與小烏龜之間重複而累加的對話交談中，隨著動物們愈疊愈高的搖晃畫面（加上小象喃喃地說「重」），緊張、不安的故事氛圍節節高升。最後，「噗通」一聲，全部一起掉進池塘裡，終於釋放了層層堆疊的緊張情緒。書中重複的故事結構讓嬰幼兒因可預期後續內容而產生安全感；同時，動物疊高的創意手法也讓嬰幼兒因幽默逗趣的畫面而體驗美好的閱讀樂趣。

共讀策略使用

＊**原文朗讀：**故事裡四位好朋友各自有不同的形象特質，成人在朗讀小象與其他三位好朋友的對話時，可以運用不同的聲音、語氣詮釋角色們的心情。

如：小象遇到第一位朋友小河馬時，因為背上還未負重，說話的語氣是輕鬆的；直到小象遇見小烏龜時，小象背上已背著小河馬和小鱷魚，負擔沉重，所以，小象說話的語氣應該是緩慢而吃力的。

＊**引導口語互動：**為嬰幼兒朗讀數次後，成人可適時邀請嬰幼兒加入共同說故事的行列，讓嬰幼兒自行選擇扮演小象或是另外三位好朋友。例如：成人可說：「我是小象，我要去散步，遇到小河馬。嗨！小河馬。現在你是小河馬，你要跟我說什麼呢？」

＊**描述圖像細節：**圖中動物一個背著一個的驚險畫面最能吸引嬰幼兒的注意力，成人可引導嬰幼兒觀察小象背朋友時的視線變化，藉此推測這群好朋友可能將面臨的危機。如：「小象背著小河馬、小鱷魚和小烏龜往前走，可是他的眼睛一直往上看，沒有注意到前面有一個池塘，結果一個不小心，哇！撲通—全部掉到池塘裡。」

＊**延伸遊戲：**

1. 在硬紙卡上繪製書中四個角色，剪下後即可製成故事紙偶。

利用紙偶與嬰幼兒一起說演小型故事劇場（小象散步系列套書附贈可愛棒偶 DIY，只要將紙卡中的動物圖形剪下、貼上木棒，便可完成簡易的故事棒偶）。

2.家長可以扮演大象的角色，把寶寶扛在肩上或是讓寶寶坐在背上，邊走邊唱歌，再一起跌落在床上，也會是親子間很刺激、很有趣的互動遊戲呢！

＊**討論故事：**隨著嬰幼兒的年齡漸長、人際互動範圍逐漸擴展，幼兒也會開始建立朋友的概念。此時成人可透過故事內容的討論，引領幼兒感受友情的美好，問一問：「小象和他的朋友們本來要去散步，可是不小心通通掉進池塘裡，為什麼他們的心情還是好好呢？」

建議書單⑮

· 書名：

《好餓好餓的魚》

· 文／圖：菅野由貴子

· 出版社：東方出版社

圖片提供：

台灣東方出版社股份有限公司

繪本特色

封面中央一隻色彩鮮艷、造型可愛的彩色魚對0～3歲嬰幼兒極具吸引力。翻開故事，內容描述一隻好餓好餓的魚在吃下了紅色小魚、小螃蟹、小烏賊和閃閃發光的魚後，牠的身體也不斷出現令人驚訝的變化。終於，好餓好餓的魚肚子吃得既飽且撐，啊！這下吃太多了，該怎麼辦呢？

本書在好餓好餓的魚肚子中間有特殊的挖洞設計，牠每吃一種生物，翻頁後就可以看見「食物」在魚肚裡亂竄。1歲以上的嬰幼兒對這類「洞」的設計特別感興趣，他們會伸出小手體驗鑽洞的樂趣。故事情節則利用翻頁設計，製造主角好餓魚外觀改變的趣味點（如：吃了螃蟹，長出兩隻大剪刀），能夠引發嬰幼兒主動「對照前後圖片，尋找變化差異」的閱讀技巧。故事文字同樣關注到嬰幼兒的閱讀需求，即使在愈趨複雜、變化性高的故事情節中，仍保留固定且重複語句的文字（如：好餓好餓的魚，肚子咕咕叫、開動咯……），幫助嬰幼兒能更快熟悉整體故事模式，成功預測後續故事內容，閱讀起來不只是充滿樂趣，同時也建立嬰幼兒對閱讀的自信。

共讀策略使用

＊**引導口語互動：**共讀時，成人可先逐字朗讀書中文字，讓嬰幼兒有時間熟悉文中固定且重複的語句。待進行約2至3個重複的故事段落，如：讀到好餓魚遇到小烏賊這段，成人可將固定文字的部分（好餓好餓的魚，肚子咕咕叫）唸慢、小

聲或僅以口型默唸的方式讀出，邀請並輔助嬰幼兒共同唸出這部分文字。

＊**描述圖像細節：**閱讀封面時，可多與嬰幼兒談談好餓魚的造型、顏色甚至從魚的表情預測魚的心情。當好餓好餓的魚看到一隻紅色的小魚，他會做什麼呢？沒錯，好餓好餓的魚吃掉小紅魚。帶著嬰幼兒從魚肚的挖洞設計摸摸被吃掉的小魚，（右跨頁）你看，小紅魚從好餓魚的嘴巴進去，游過彎彎曲曲的腸子，進到好餓魚的肚子。另外，帶著嬰幼兒觀察好餓魚身體變化的規則也是重要的視圖訓練。如：好餓好餓的魚吃掉小螃蟹，找找看好餓魚有什麼地方不一樣呢？又，好餓好餓的魚剛開始小小隻（2至3頁），現在他的身體是大還是小呢？（18至19頁）這些引導嬰幼兒觀察圖像細節的提問皆可透過來回翻頁，前後對照圖片得到訊息。

＊**加入概念性詞彙：**本書提供嬰幼兒認識簡單的海底生物名稱「螃蟹、烏賊」、數一數好餓好餓的魚吃了多少食物，以及介紹書中出現哪些美麗的顏色。

＊**延伸遊戲：**成人可在八開圖畫紙上畫出一隻好餓魚的輪廓及

魚身的格子，準備手指膏或是點點貼紙，利用小塊方形積木，讓嬰幼兒在魚身上蓋出各種顏色，或是貼上點點貼紙。

＊**討論故事：**共讀時，視嬰幼兒的能力而定，可問嬰幼兒：「為什麼好餓魚的背鰭和臉頰會變紅？」、「為什麼好餓魚會長出兩隻大剪刀？」當嬰幼兒理解並掌握好餓魚身體變化的規則時，成人可藉由延伸文本的提問，提供幼兒想像創造的機會。如：如果好餓好餓的魚吃掉一隻烏龜，那牠會怎麼樣？

建議書單 ⓰

· 書名：

《一開始是一個蘋果》

· 文 / 圖：伊東 寛

· 出版社：小魯

圖片提供：
小魯文化事業股份有限公司

繪本特色

《一開始是一個蘋果》是一本以趣味故事串聯數學、邏輯、指物命名等認知概念豐富的繪本。作者以左右兩跨頁分別呈現物體數量及故事情境，像是左跨頁出現一顆蘋果，右跨頁描繪一顆蘋果在樹上的環境細節；又如左跨頁有六頭大熊；右跨頁圖像敘述六頭大熊追著五條獵犬、四位獵人……和一顆蘋果的故事情境。

數學方面，透過角色、物體數量遞增，幼兒可以連結數字與數量的配對，同時在成人引導「點數」的過程中，學習數數的方法。指物命名方面，藉由清楚的圖形可以讓幼兒認識各種動物、物品的名稱。邏輯訓練可分兩部分：第一、書中運用有邏輯的故事鋪陳，將看似無關的角色、物體串聯，形成有故事情節的內容。第二、最後為幼兒示範如何運用有邏輯的分類法，將複雜的訊息分門別類，方便計數。

另外，大小讀者是否發現作者編排故事情節的巧思呢？請翻回書名頁和最末頁仔細看看，現在您們知道六頭大熊為何要從森林裡跑出來了嗎？

共讀策略使用

＊**引導口語互動：**故事開始前，第一跨頁提供角色介紹，展示書中所有角色與物體，成人可引導嬰幼兒進行圖像辨認。成人問：「這是什麼？」嬰幼兒說：「（這是）毛毛蟲、小鳥、熊、蘋果、船、小狗……」接著，成人可以逐頁帶著嬰幼兒點數「一顆蘋果、兩條毛毛蟲、三隻小鳥……」或者詢問嬰

幼兒：「有幾位獵人？幾條獵犬？」邀請嬰幼兒獨立點數、回應。

＊**描述圖像細節**：除了指物命名（辨認圖像）與點數數量，成人可進一步帶嬰幼兒觀察圖像傳遞的故事情節。例如：引導嬰幼兒觀察角色情緒，推論角色情緒轉變的原因——「六頭大熊從森林跑出來，笑嘻嘻地追在獵人和獵犬後面，獵人和獵犬看起來好緊張！」、「咦？這一頁為什麼變成獵人和獵犬笑嘻嘻地跟大熊揮手，可是大熊看起來好生氣？」

＊**加入概念性詞彙**：書中除了提供物體名稱、數量、數字等基本認知概念外，還帶入與角色、物體相應的單位量詞，如：五條獵犬、七艘小船、九尾魚……等。建議共讀本書時，完整讀出準確的單位量詞，讓嬰幼兒能經常聆聽結構嚴謹的書面語言。

＊**使用書本相關字彙**：本書故事從書名頁開始鋪陳。共讀時，成人可提示「書名頁裡有什麼呢？」

＊**延伸遊戲**：與1歲多的嬰幼兒共讀本書時，成人可利用從頭至尾都會出現的「蘋果」和嬰幼兒玩視覺追蹤的遊戲。當畫

面愈複雜，找尋蘋果的任務便愈具有挑戰性。與2歲以上的幼兒讀完本書後，可利用日常生活的物品帶著幼兒進行分類或點數的練習。例如：請幼兒幫忙分裝蘋果和芭樂，數一數各有多少？或者利用收拾積木時，請幼兒依據形狀或顏色進行分類收納。

＊**討論故事：**成人可提供3歲左右的幼兒更多圖像資訊，幫助幼兒連結故事前後線索，進而對文本有更好的理解。例如：當故事進入尾聲，成人可漸進式提問：「大熊把蘋果舉高，他們的表情看起來很開心。為什麼大熊拿到蘋果很開心？」「大熊手裡都拿著一片蘋果，他們在樹下愉快享用。這顆蘋果是從哪裡長出來的呢？蘋果樹是誰種的呢？」「你覺得大熊從森林裡跑出來，他們在追誰呢？為什麼？」（建議翻回書名頁觀察圖像訊息——大熊們在蘋果樹下澆水，開心地指著樹上的紅蘋果。）

建議書單 ⓱

· 書名：**《去買東西！》**
· 文／圖：佐藤和貴子
· 出版社：天下雜誌

圖片提供：
親子天下股份有限公司

繪本特色

《去買東西！》文字簡潔，內容提供「可是……」、「萬一……」、「要是……」等特定詞彙的語意示範，讓嬰幼兒能在有意義的故事情境學習新詞彙的意思與用法，有助於擴充詞彙量及提升語言能力。例如：「萬一鬧水災的話，怎麼辦？」、「要是水跑到眼睛裡面，會痛耶！」圖像上則運用小女孩、貓咪與小老鼠三個角色，分別呈現不願意、無奈順從及開心期待等三種情緒反應。再加上穿插小女孩（無限）擔憂的想像畫面，使得本書不僅贏得小讀者的認同（同理小女孩不安的心情），更增添故事閱讀的趣味性。

故事尾聲，小女孩終於把所有裝備帶齊，懷著無奈的心情說：「唉，走吧！」一到室外，乍見艷陽高掛，大家的表情都愣呆了！最後，到底小女孩要去買什麼呢？答案就在封底喔！

共讀策略使用

＊**引導口語互動：**除了運用簡單的指物命名方式提問：「這是什麼？」引發嬰幼兒回應「雨傘、雨鞋……」，還可加入較複雜的情境因素，刺激嬰幼兒思考解決問題的方法。例如：「下雨了，小女孩出去買東西要帶什麼呢？」、「下大雨，要穿什麼鞋，腳才不會濕？」

＊**描述圖像細節：**成人可以引導嬰幼兒覺察書中小女孩、貓咪與小老鼠三個角色不同的情緒反應。例如：在第五跨頁，「小女孩把腳抬起來，看著鞋子，她好擔心腳會濕。」第六跨頁

裡「貓咪嘴角往下垂，一隻雨鞋放頭上，一隻雨鞋拿手裡，牠看起來不開心。」、「小老鼠，雙手往後擺、眼睛、嘴巴笑咪咪，牠看起來好開心。」此外，書中數個右跨頁圖像呈現小女孩的想像畫面（文字未說明），成人可稍加敘述。如：「鬧水災的時候，水淹好高，小女孩站在貓咪頭上，貓咪站在腳踏車上，可還是不夠高，水快要淹到小女孩的鼻子了！」

＊**延伸遊戲：**下雨天出門要準備這麼多東西，如果是出大太陽呢？成人可以和幼兒一起發揮創意想想「艷陽天，天氣好熱，你想帶什麼出門呢？」此外，此階段的幼兒十分熱愛想像性的扮演遊戲，成人可以運用家中或學校中常見的日常生活物品，與幼兒扮演買賣物品的遊戲（一位當老闆，一位當客人）。

＊**討論故事：**隨著嬰幼兒認知、口語漸成熟，成人可問：「為什麼小女孩把剛剛準備的東西都丟在地上呢？」、「下雨天，外面真的有鬧水災嗎？真的翻船了嗎？水真的有跑到眼睛裡嗎？……」

建議書單 ⑱

· 書名：《我的衣裳》
· 文／圖：西卷茅子
· 出版社：遠流

圖片提供：遠流出版公司

繪本特色

聆聽「書面語言」的美感饗宴非「口頭語言」所能體會到的，《我的衣裳》正是一本文字讀來就像一首美妙詩（歌）的繪本。文中一再重複的「啦啦啦　啦啦啦……我穿起來好看嗎？」不論是朗讀者或聆聽者都能感受其間翩翩起舞的輕巧旋律與跳躍節奏，很適合成人為嬰幼兒逐字朗讀。

本書線條簡單活潑、色調鮮豔明亮，符合嬰幼兒閱讀的圖像特性。此外，圖像上還提供嬰幼兒預測後續故事發展的線索，如：小兔子穿著花衣裳唱「啦啦啦　啦啦啦……」這頁，右跨頁上方已出現雨滴飄落的線索，嬰幼兒便可藉此推測小兔子接下來可能會穿雨滴衣裳。文字方面，重複出現的固定語句以及故事結構也利於嬰幼兒預測後續內容。成人若能經常為嬰幼兒朗讀本書，待嬰幼兒口語能力漸成熟，他們甚至可以跟著成人朗朗上口，一起唸出「啦啦啦　啦啦啦……我穿起來好看嗎？」

共讀策略使用

＊**原文朗讀：**本書文字充滿輕鬆愉快的想像氛圍。朗讀時，成人可以透過清亮的語調、開心的表情將故事主角愉悅的情緒表現出來。特別是讀到「我穿起來好看嗎？」時，成人可以將視線看向嬰幼兒，更能營造像是書中角色主動與嬰幼兒對話，增添共讀的樂趣。

＊**引導口語互動：**文中固定、重複出現的語句都是引發嬰幼兒

口語互動的最佳時機。例如讀到「啦啦啦 啦啦啦……我穿起來好看嗎」時，成人可以把速度放慢、音量降低，鼓勵嬰幼兒一起唸出來。

＊**描述圖像細節：**書中圖像呈現主角創意、繽紛的想像畫面，而變化無窮的衣服圖案更為嬰幼兒帶來一次又一次的驚奇饗宴。成人可透過描述文字未說明的圖像細節，為嬰幼兒示範如何藉由圖像線索預測後續情節，如：第三跨頁小兔穿上剛做好的衣裳，成人可敘述「小兔子穿著一件白色衣裳，走著走著，你看！前面有一片花園喔！（搭配指圖）」「花園裡的花跑到衣服上了」；第六跨頁小兔穿著花衣裳，成人可描述「小兔子穿著花衣裳，走著走著，你看！快要下雨了（指圖）」「剛剛的雨滴跑到衣服上了」；到了第九跨頁小兔身穿雨衣裳，前方出現稻草，此時成人可問：「小兔子穿著雨衣裳，走著走著，你看！這裡有稻草（指圖），你覺得等一下小兔子會穿什麼衣裳呢？」

＊**加入概念性詞彙：**文中提及「衣裳、雨滴、稻草、彩虹、夕陽、滿天星……」等詞彙是日常口語較少接觸的，成人一邊朗讀文字一邊指圖引導，更有助於嬰幼兒理解詞彙的意涵。

＊**延伸遊戲：**成人可在圖畫紙上繪製並剪下一個女孩或男孩的圖形，另外在透明片上用油性筆畫出數種簡單圖形，如：愛心、蝴蝶、小汽車……等。利用人形紙板與透明片重疊的效果，成人就可和嬰幼兒延續故事內容，一起玩「啦啦啦 啦啦啦 愛心衣裳 我穿起來好看嗎」……。

＊**討論故事：**隨著嬰幼兒認知、語言能力漸成熟，成人可以嘗試問：「小兔子為什麼會飛起來？」、「小鳥要帶小兔子去哪裡呢？」、「小兔子穿滿天星衣裳的時候，為什麼不唱啦啦啦……她在做什麼呢？」

建議書單 ⑲

- 書名：**《我的小馬桶 男生（女生）》**
- 文/圖：愛羅娜・法蘭蔻
- 出版社：維京國際

圖片提供：維京國際出版社有限公司

繪本特色

從包尿布到學習使用小馬桶是每位小孩必經的成長歷程。作者最初在創作此繪本時，就是希望讓這本繪本成為小孩如廁訓練過程中的最佳良伴，幫助她的孩子能夠很順利、很愉快、且自信地使用小馬桶。

本書精心設計了男生版（約書亞）與女生版（普魯丹絲），封面即為小男孩（小女孩）帶著微笑坐在小馬桶上，且每一跨頁均使用不同的底色，呈現了愉悅的氛圍。書中清楚地介紹了身體重要器官的名稱與功能，從孩子的角度來想像小馬桶可能的功用（是帽子嗎？是花盆嗎？是玩水的盤子嗎？），並用好幾個「坐啊、坐啊、坐啊」來比喻第一次在小馬桶尿尿與嗯嗯的漫長時間。這本繪本帶領讀者真實走過嬰幼兒如廁訓練的過程，它提醒家長這不會是一個簡單步驟，如廁訓練初期還是會有小意外的發生，並且要從頭再來，但唯有家長支持與鼓勵的態度才能協助寶寶成功地使用小馬桶。本書還提供了中英文故事朗讀CD以及歌曲，可以讓嬰幼兒一邊聽音樂，一邊愉快地使用小馬桶。

共讀策略使用

＊**引導口語互動：**本書主角認為奶奶送的小馬桶有點奇怪，開始思考這個禮物的功能，連續幾個跨頁都使用了問答句：「是花盆嗎？不，不是花盆」。可以引導寶寶想想看，這個禮物是可以做什麼？成人也可以藉此與寶寶玩口語遊戲，例如：拉拉寶寶的小手，故意問他「這是你的小腳丫嗎？」

＊**描述圖像細節：**本書幾個跨頁的左右圖像看起來相似，但卻有細節上的不同。例如：媽媽拿乾淨的尿布時，媽媽的臉是微微低下頭看著主角，主角的尿布上有嗯嗯的痕跡；當媽媽拿走有嗯嗯的尿布時，臉則是微微朝上（有異味），但主角的尿布已是乾淨的了。成人在共讀時可加以描述這些細節：「哇！約書亞的尿布臭臭的。」、「你看，普魯丹絲的尿布變乾淨了。」

＊**加入概念性詞彙：**本書使用了身體部位的詞彙，如：手、頭、腳及屁股等；也使用了一些形容詞，如乾淨、奇怪、開心等，在共讀時，可以對照圖像及成人的表情，幫助寶寶了解這些詞彙的意涵。

＊**延伸遊戲：**本書的書名頁預留了擁有者姓名的空間，「這本書屬於＿＿＿＿＿」，家長可以帶著寶寶一起將大頭照貼上，並協助寫上名字；並且告訴寶寶，這是你的名字，這本書是你的喔。

教養小提醒

寶寶從幾歲開始可以戒尿布，是許多家長關心的議題。由於每位幼兒的發展速度不一，因此很難有一個明確的時間點，但家長可以從幾個角度來觀察幼兒是否已經準備好了：(1)能夠理解尿尿和嗯嗯的不同。(2)能夠以簡單句子表達需求，「我要尿尿」。(3)每次尿尿間隔時間超過2至3小時以上。(4)遊戲一半時，會停下來做出尿尿或嗯嗯的動作，表示幼兒可以覺察到這個生理反應。(5)會喜歡跟著大人進廁所。當幼兒可以表現出以上幾種反應時，就代表家長可以開始協助幼兒進行如廁訓練，切勿在幼兒身心還未準備好的情況下就加以訓練，反而會造成寶寶的焦慮及排斥。也請家長務必了解如廁訓練是需要一次又一次的練習，不小心尿在褲子或地板上的情況都是正常的，只要家長持續鼓勵與協助，幼兒都能自主地上廁所。

建議書單 ⑳

· 書名：**《小寶貝與小動物唱遊繪本》**
· 文：幸佳慧
· 圖：楊宛靜
· 出版社：小天下

圖片提供：小天下出版

繪本特色

本書由知名的兒童文學作家幸佳慧所著。她在國外求學時，強烈感受到中西文化上的對比，因而期待以台灣自然環境（竹林、山洞）及動物（黑熊、獼猴）的元素，為嬰幼兒創作閱讀作品，以強化他們對環境的感知與認同。

這一套書包含了兩本繪本《小皮球、小皮猴一起去郊遊》、《小恐龍、小黑熊一起去吹風》以及一片有聲書，透過圖畫、童詩、歌曲及故事的元素開啟寶寶的閱讀經驗。本書的文字以簡單的韻文形式呈現，文字的排版上有大小、線條等的變化，在視覺的閱讀上充滿動感，很容易引導讀者琅琅上口。作者還親自為本書配音，並依據原來的童詩內容，延伸了更多主角與動物互動間的細節。這個擴充版的故事內容，可以作為成人與寶寶共讀時很好的示範，除了敘述繪本中原有的文字敘述外，還可以依據圖像的內容、角色的特質、故事背景等，加入想像與創意的元素，為故事作更詳細的闡述。

共讀策略使用

＊**原文朗讀：**由於繪本的文字具有押韻設計，很適合以有節奏的方式，逐字朗讀給1歲以前的寶寶聆聽。

＊**引導口語互動：**對於已經會說話的寶寶，當他們已經熟悉童詩的內容後，可以邀請他們一起跟著唸讀，或是加快速度，

增加趣味性。

＊**描述圖像細節**：本書繪畫的部份，細膩刻劃了文字所要傳達的意涵，例如「小皮猴愛玩小皮球」這一跨頁，繪者畫了三個連續的圖像呈現不同的玩球方式，成人可以加以敘述：「小皮球滾走了，小皮猴趕快去把它追回來；小皮猴好厲害，還會倒立踢球呢！」

＊**延伸遊戲**：成人可以提供寶寶簡單的打擊樂器（如沙鈴、響板、手搖鈴等），引寶寶邊聽音樂CD，一邊使用樂器敲打節奏。成人也可以自編簡單的動作，一邊念童詩，一邊引導寶寶跟著作動作。

＊**討論故事**：可以請幼兒想想看，故事裡到底有幾個小皮球？有幾隻小皮猴？他們有哪裡不一樣呢？他們認為自己的好朋友是誰？最喜歡和好朋友一起做什麼事呢？

建議書單㉑

· 書名：《大家來刷牙》
· 文：萊斯利 · 麥高門
· 圖：珍 · 皮傑
· 出版社：三之三

圖片提供：
三之三文化事業股份有限公司

繪本特色

這是一本立體書，翻開的每一頁都是一個驚喜，一隻隻張開大嘴的動物，正等著寶寶來幫他們刷牙。本書精巧地將刷牙的方法與步驟融入在故事裡（上下刷、左右刷、前後刷、還要使用牙線喔），透過立體動感的設計，加上可以操作的小牙刷、牙線及鏡子等，都可以吸引寶寶與書互動，幫每一隻動物刷牙，進而願意模仿並學習刷牙的好習慣。與本書同屬「啟蒙生活教育立體書」的還有《我會用小馬桶》，讀者們也可以參考。

共讀策略使用

＊**原文朗讀：**為了吸引寶寶聆聽故事的注意力，成人在朗讀本書重複出現的對仗文字「上下、上下的刷」、「左右、左右的刷」時，可以加強這幾個句子的重音；每一跨頁都出現的「刷！刷！刷！刷！刷！」字眼，也可以使用不同的節奏、音量來朗讀。

＊**鼓勵與書互動：**為了讓寶寶覺得閱讀繪本是有趣的，成人在朗讀的同時，可以引導寶寶摸一摸每隻動物凸起的鼻子及牙齒，也可鼓勵他們操作每一頁的紙牙刷來幫動物刷牙。最後，也請寶寶照照書中的鏡子，看看自己的牙齒是否乾淨漂亮。

＊**引導口語互動：**本書的每一跨頁都會描述動物們是如何刷牙的，緊接著便問「那你呢？」成人可以看著幼兒，再問他一次同樣的問題「那你有上下、上下的刷牙嗎？」寶寶可以依據他當時的口語發展能力，做出相似的動作或是回答「有」來做為回應。

＊描述圖像細節：本書每一頁的圖像焦點都很明顯，可以引導寶寶觀察每一隻動物的鼻子以及牙齒特徵，例如：「鯊魚的牙齒又尖又長」。

＊延伸遊戲：可以提供舊牙刷，讓寶寶幫他的玩偶刷牙，進而讓寶寶練習自己刷牙。

建議書單㉒

· 書名：

《寶寶學說話—喔！》

· 文/圖：童嘉

· 出版社：小熊

圖片提供：小熊出版

繪本特色

國內童書作家童嘉，為牙牙學語的嬰幼兒創作了一系列「寶寶學說話」繪本，包含了《喔！》、《咦？》、《你好！》、《你是誰？》，成人可以透過朗讀繪本，幫助寶寶建立新字彙、使用簡單的生活用語表達心情、感受與問候等等。

本書封面的小男孩與小女孩睜大眼睛、張大嘴巴的表情，就好像真的在說「喔」這個字。內文開始就明白點出「有些話你可以大聲說出來」，那到底是哪些話呢？「好想喔！」、「好快喔！」、「好滑喔！」在每一跨頁裡，創作者皆使用3至4個字的短句來描繪心情、感覺及渴望等情感字句。

對於1歲半開始牙牙學語的寶寶來說，這本書提供了許多生活中常用的短句示範，當成人為寶寶唸出這些句子時，並輔以說明圖片的意涵，可以幫助寶寶理解新詞彙的概念，也有助於他們的表達能力發展。

共讀策略使用

＊**原文朗讀：**由於每一跨頁的句子都很短，也反應了各樣的心情狀態，因此成人在朗讀時，可以配合圖片以及短句的意涵，改變音調，除了可以吸引寶寶的注意力，也可以幫助他們理解這些詞彙的概念。例如：唸到「好累喔」，可以用比較緩慢的速度，以及疲憊的音調；當唸到「好好玩喔」，則可以使用比較輕快的節奏，且可以提高音調。

＊**描述圖像細節：**每一跨頁的文字與圖像都共構出一個清楚概念，例如「好好喔」的對應圖片是無尾熊媽媽緊緊抱著小無尾熊，兩者都流露出滿足的笑容。成人在描述此頁時，可以加以解釋：「無尾熊媽媽抱著無尾熊寶寶，好舒服喔，好好喔！」

＊**引導口語互動：**由於每一句話都很簡短，所以成人可以鼓勵開始學說話的寶寶，複誦每一句話；或是可以提問，並請幼兒回答：「你覺得這隻駝鳥跑得……（停頓，等待寶寶回答）？對！他跑得好快喔！」；挑戰度再高一點的，則可以

請寶寶描述圖片的內容：「這兩隻小猴子在做什麼呢？」

＊**加入概念性詞彙：**本書使用了許多形容詞，成人在共讀時，可以搭配圖像內容、音調、表情與動作等，來幫助寶寶理解這些詞彙的概念。如「好睏喔」，成人可以做出打哈欠、伸懶腰、指圖說明兩隻動物眼睛已經瞇起來，很想睡覺。

＊**延伸遊戲：**請寶寶與成人共同模仿書中動物的所有動作。如：在「好好喔」的那一跨頁，成人可以給寶寶一個大大的擁抱。

＊**討論故事：**當寶寶口語表達能力成熟時，可以將繪本的內容與寶寶的生活做連結。例如：駱駝看起來好想喝小女孩的飲料，「那你好想做什麼事呢？」

建議書單 ㉓

· 書名：**《掀開帽子》**

· 文／圖：tupera tupera

· 出版社：維京

圖片提供：
維京國際出版社有限公司

繪本特色

這是一本翻翻書，充滿了想像創造的元素，每掀開一頂帽子，就會看到無限的驚喜。本書的每一跨頁只有一句話，文字內容具有重複語句的特性，「掀開……的帽子」，很容易讓寶寶可以預測下一句為何。在圖像部分，使用豐富的色彩，每一跨頁都有不同的主色調，用以搭配主角們的身分及穿著等；仔細再看，這些主角們是使用各種不同媒材拼貼起來的，若寶寶有興趣，可以引

導他們注意這些細節。最精采的部份在於每一跨頁的主角們，因其角色身分的不同，搭配不同的服裝，帶著不同的帽子。但是，當掀開他們的帽子時，卻看到很驚奇、衝突、逗趣的景象，例如：掀開小妹妹的帽子，看到的竟是鳥窩，還有小鳥寶寶住在上面；掀開探險家的帽子，哇！火山爆發了；掀開小貓咪的帽子，原來是小兔子所偽裝的。

這不僅僅是一本找找看東西在哪裡的翻翻書，每翻開頁面的瞬間，都是一趟充滿驚喜、幽默與想像力的旅程。一邊讀、一邊玩、一邊想想看下一秒帽子會變出什麼，共讀的過程必瀰漫著歡笑及愉悅的氛圍。有興趣的讀者，還可以參閱tupera tupera夫妻檔的其他作品《蔬菜躲貓貓》（維京）、《水果躲貓貓》（維京）。

共讀策略使用

＊**原文朗讀：**由於本書具有驚奇的元素，每頁的句子都是重複，成人可以帶著歡愉的口吻逐字朗讀。

＊**引導口語互動：**掀開帽子後的情境是千變萬化的，成人可以自己先閱讀完繪本的內容，與寶寶共讀時，可以邀請寶寶猜

猜看掀開帽子後會看見什麼？接著再詢問寶寶他看見什麼；還可以討論繪本主角的表情與心情，例如：「水手的頭上頂著一隻章魚，你覺得他的心情如何？」

＊**描述圖像細節**：本書的圖像細節很豐富，可以描述主角人物的衣飾與表情，如這一位帶著紫色帽子的優雅女士：「這位女士帶著紫色的帽子，上面有紅色、白色的花，掀開帽子一看，竟然是刺刺尖尖的頭髮。」

＊**加入概念性詞彙**：「掀開」、「尖尖刺刺」、「好點子」、「廚師」、「探險家」等都是平常寶寶較少在日常對話中可以聽到的詞彙，可以適度與寶寶討論。

＊**延伸遊戲**：提供寶寶各種不同形狀素材進行拼貼，如包裝紙、瓦楞紙、大顆釦子、碎布等；也可以提供寶寶一頂帽子或是一塊小毯子，讓寶寶把東西蓋起來再掀開的遊戲；抑或是讓寶寶猜猜看，帽子下藏的是什麼東西。

＊**討論故事**：本書可以作為培養寶寶聯想力的起始點，當寶寶認知及語言發展較成熟時，可以請他發想創造每位主角帽子裡的秘密：「除了火山爆發，你覺得還可以把這位探險家的頭髮變成什麼？讓大家看了會嚇一跳！」

建議書單 24

· 書名：《一朵小雲》
· 圖：慕佐
· 出版社：天下雜誌

圖片提供：
親子天下股份有限公司

繪本特色

本書為無字書，甚至連封面都沒有任何文字，僅可在書名頁及書背，看見書名及作者的名稱。所以，沒有字的書到底要怎麼讀，對大人們來說也許是一大挑戰，但也正因為沒有文字的限制，所以大讀者與小讀者可以完全運用自己的想像力來詮釋這個故事，共構這一朵小雲的精采旅程，不需有標準答案。

《一朵小雲》以白色背景為底，加上線條與顏色所構成的畫面十分簡潔、鮮明，因此，圖像所傳遞的訊息明確易讀。例如：原本垂頭攤手的兩朵小花，表情看來很難過（黃色小花還吐舌頭），一朵小雲在小花的頭上降雨後，兩朵小花抬頭揚手，笑顏逐開。原來是小花口渴，一朵小雲幫他們澆澆水，小花就恢復精神了。再加上故事情節單純，講述一朵小雲在找朋友的過程中，遇到問題，然後解決問題。2歲以上的寶寶就可以逐漸理解「故事裡發生什麼事」。像是，青蛙傷腦筋池子裡沒有水，一朵小雲下雨，幫忙把池子填滿水，青蛙開心地跳進池子游泳。本書利用簡單的圖像傳遞故事情節，很適合在共讀共玩的親子互動中，培養寶寶觀察、讀圖與口語表達能力。

共讀策略使用

＊**引導口語互動：**當寶寶尚處於指物命名的口語表達階段，成人可以指著圖問：「這是什麼？（指雲、花、青蛙……）」當寶寶表達能力再更成熟時，成人可以詢問寶寶「小女巫在

做什麼？」、「小雲飄到哪裡去？」、「小雲在做什麼？」等開放性問題，鼓勵寶寶觀察圖像並培養口語描述能力。

＊**描述圖像細節：**成人可以藉由自己對圖像的觀察，描述圖像的細節：「它變成了一朵小灰雲，小灰雲飄啊飄，飄進了洗衣機，滾啊滾、洗啊洗，又變成一朵乾淨的小白雲」。

＊**延伸遊戲：**平時可以隨意與寶寶瀏覽各種圖片（雜誌、廣告傳單等），並試著與寶寶討論這些圖像所要表達的意涵，都可以增進圖像閱讀的能力喔。

＊**討論故事：**在故事的結局，小白雲找到了小紅雲當好朋友，他們會發生什麼有趣的旅程呢？

建議書單 ㉕

· 書名：**《米米玩收拾》**
· 文：周逸芬
· 圖：陳致元
· 出版社：和英

圖片提供：和英出版社

繪本特色

國內作者周逸芬與繪者陳致元共同創作了《米米系列》繪本，包括《米米說不》、《米米遇見書》、《米米小跟班》、《米米吸奶嘴》等書。每本繪本皆以米米為故事主角，而主題則圍繞在1至3歲幼兒常見的生活學習情況，如喜歡說不要、練習使用小馬桶、喜歡模仿大人。由於這些故事情節與寶寶的生活經驗相仿，容易引發寶寶的共鳴，非常適合與3歲以前的寶寶共讀。

本書《米米玩收拾》的故事情節簡單易懂，圖像溫馨柔和，人物的動作十分鮮明，而寫書的出發點在於引導寶寶自己願意收拾玩具。許多小孩就像故事中的米米一樣，總是一次想玩很多玩具，卻又不願意收拾，導致被滿地玩具絆倒；而透過米米媽媽的引導（一次只玩一樣玩具），米米變得樂於自己收拾玩具。成人可與寶寶共讀此書，並在日常生活中提醒寶寶，可以學習像米米一樣，一次只玩一樣玩具，收拾歸位後，再玩下一樣玩具。

共讀策略使用

＊**原文朗讀：**本書的文字內容簡潔明瞭，可以直接原文朗讀讓幼兒聆聽。在朗讀時，還可以配合故事情節加上音效，如翻到米米被玩具絆倒的那頁，可以使用誇張的語調與音量唸出「撲啦」這兩個字，可以製造驚奇的效果，吸引寶寶的注意力。

＊**引導口語互動：**當寶寶還不會說話時，可以引導寶寶指認繪本中熟悉的圖片，如「小鴨鴨在哪裡？」；當寶寶已開始學習說出詞彙時，則可邀請寶寶複誦繪本中出現的玩具名稱，如「車車」、「小熊」等，或是請寶寶直接說出玩具的名稱；待寶寶能夠使用簡單的句子時，則可以鼓勵寶寶回答問題：「米米為什麼會跌倒？」、「現在，米米在做什麼？」「米米後來如何學習收拾玩具呢？」

＊**描述圖像細節：**本書的蝴蝶頁佈滿了各式各樣的玩具，可以指著圖片，說出玩具的名稱；或是描述繪本中媽媽與米米的行為：「米米搬了一大箱的玩具，他一邊走，玩具就一直掉下來，媽媽還跟著在後面幫忙撿玩具。」

＊**加入概念性詞彙：**繪本中出現了「遊戲」、「收拾」等寶寶平時較少使用到的詞彙，成人可以完整唸出來，增加寶寶聆聽不同詞彙的機會。

＊**延伸遊戲：**成人可以鼓勵寶寶一起收拾玩具，看看誰可以比較快把玩具放進籃子裡。繪本的最後，因為米米已經能夠自己收拾玩具，所以媽媽準備果汁給米米；在家中（或托育環

境）共讀後，也可以與寶寶一起製作果汁。

＊**討論故事：**你喜歡玩具掉滿地還是玩具收拾好呢？為什麼？如果玩具掉滿地，會發生什麼事？如果玩具收拾好，會發生什麼事？

建議書單 ㉖

・書名：**《白看黑》**
・文／圖：Tana Hoban
・出版社：上誼

圖片提供：
上誼文化實業股份有限公司

繪本特色

根據寶寶的視覺發展研究，0至4個月寶寶的世界是黑白的，僅能看得到20至30公分距離內的物品（也就是成人把寶寶抱在懷裡四目對視的距離），4至6個月以後才慢慢地進入彩色期，強烈的對比顏色（如黑色對白色，或是紅色對白色）是最能夠吸引寶寶的視線。

《白看黑》（Black on White）與《黑看白》（White on Black）這兩本小書正好呼應了此研究的發現。從英文書名與封面的圖片，即可約略猜出此系列繪本的設計，白色底頁上映襯出黑色的圖案（或者黑色的底色映襯出白色的圖案），輪廓簡單且顏色對比的圖像設計，可以吸引寶寶的注意力，且可以透過成人的口語引導，幫助寶寶學習指物命名。

共讀策略使用

*＊**原文朗讀：**此本繪本裡完全沒有文字，成人在與寶寶共讀時，可以只是簡單地指著圖片，說出此物品名字；也可以因應寶寶對韻文的喜好，在共讀過程中，自編重複出現的短句，像是「蝴蝶、蝴蝶在哪裡？」、「大象、大象在哪裡？」再拉著寶寶的手，指著圖片說「在這裡！黑色的蝴蝶在這裡！」

＊**引導口語互動：**由於一歲以前的寶寶尚未有口語表達能力，因此在共讀時可以強調成人語言的輸入，增進寶寶聆聽到不同詞彙或句子的機會。如：「這是黑色的圍兜兜」、「這是眼鏡」、「這是餅乾」；也可將這些物品與寶寶的生活連結：「你也有一條圍兜兜，這個是黑色的（指書），你的是藍色的」、「這是爸爸的眼鏡」、「這是你喜歡的小餅乾」等。

＊**延伸遊戲：**成人可以使用全開的白色或黑色的書面紙，在上面貼上對比顏色的幾何圖形，作為學習情境上的佈置。

建議書單 ㉗

· 書名：

《遊戲時間－躲貓貓！》

· 文 / 圖：DK 出版社

· 出版社：上誼

圖片提供：
上誼文化實業股份有限公司

繪本特色

0至2歲的寶寶處於皮亞傑的「感覺動作期」，意指這個階段的寶寶是透過五官與雙手來認識這個世界；此外，1歲的寶寶也開始發展出物體恆存的概念，喜歡玩遮臉躲貓貓的遊戲，也喜歡去尋找被隱藏起來的物品，對寶寶來說，消失不見的東西又被他找到了，是一件多麼令人驚喜的事情啊！

本書《遊戲時間躲貓貓》是一本觸摸書、也是一本翻翻書，其設計符合了上述0至2歲寶寶認知發展的特色。封面就是一隻熊寶寶從小毯子裡探出頭來，還有一小撮的絨毛吸引寶寶去觸摸；內文的文字具有重複特定文字的特性，「大耳朵的大象在哪裡？在積木的後面嗎？」能夠讓寶寶預測並理解下一頁的故事情節。繪本內的每一跨頁都有大翻頁的設計，適合寶寶自行翻閱，並獲得「找到了」的驚喜感；此外，寶寶還能摸到不同軟毛、絨布及凹凸顆粒狀等不同材質，可以體驗不同物品的觸感：而且，本書的所有圖片都是以真人實物拍攝、編排製作而成，貼近寶寶真實的生活經驗，也可以成為指物命名的媒介。

共讀策略使用

＊**原文朗讀：**由於繪本的文字具有重複特定語句的特性，且會使用形容詞加註在每一件要被尋找的物品前，如「可愛的小馬」、「彩色的火車」等，成人可以逐字朗讀每一頁的文字，提升寶寶聆聽到不同語句的機會，並在句子結尾處上揚語調，

吸引寶寶的注意力；還可以搭配物品的特性加上音效，如唸到小火車，可以加上「嘟～嘟～嘟～」的聲音。

＊**引導口語互動：**請寶寶找一找躲藏起來的東西在哪裡？並鼓勵寶寶自己翻頁；還可以指著書中的人物或物品，詢問寶寶「這是什麼？」並且連結寶寶的生活經驗：「這裡有一隻大象寶寶，那你的大象寶寶在哪裡呢？」也可以把焦點轉移到書中的寶寶身上：「這個寶寶在做什麼呢？」

＊**描述圖像細節：**成人可以描述圖像中物品的細節，如「這列小火車好長喔，還有彩色的輪子。」也可以描述書中寶寶的表情與動作：「小寶寶在玩消防車，他看起來很開心！」

＊**加入概念性詞彙：**本書使用許多「可愛的」、「彩色的」、「毛茸茸的」等形容詞，成人可以在共讀中稍加強調。

＊**延伸遊戲：**可以與寶寶一起玩各種躲貓貓、捉迷藏的遊戲。

建議書單㉘

· 書名：

《到底是哪一個？》

· 文／圖：儘田峰子

· 出版社：上誼

圖片提供：
上誼文化實業股份有限公司

繪本特色

「哪一個比較……？」、「是哪一個呢？」在不斷重複的內容與句型中，幫助嬰幼兒熟悉情節，讓嬰幼兒能夠預測接下來可能發生的故事。再加上重複的內容中又有不同的概念變化，每一次都能帶給嬰幼兒有趣的意外驚喜喔！再者，繪本中的圖像不僅帶給嬰幼兒豐富的認知概念，包括形狀、大小、長短、快慢、高低、顏色，還能藉由圖像看到事件變化的原因，例如：小螞蟻為何會比蛇更長？蝸牛為何會比小狗跑得快？還有哪些讓人意想不到的創意內容呢？趕快帶著孩子一起來看一看、想一想呦！

共讀策略使用

*＊引導口語互動：**在每個翻頁的過程，跟著書中文字問：「哪一個是圓的？」、「是哪一個呢？」邀請嬰幼兒一邊指出圖像，一邊指物命名進行圖像辨認。

＊**描述圖像細節：**在基礎的指物命名口語對話後，成人可以運用更完整的語句描述圖像細節，例如：「蘋果被吃掉了，剩下長長的蘋果核。犰狳捲成一個圓圈圈睡覺，所以變成圓圓的囉！」、「螞蟻排隊搬食物，排隊排好長好長，現在螞蟻比蛇還要長喔！你看！蛇也嚇一跳了！」

＊**加入概念性詞彙：**本書有豐富的概念性詞彙描述，同時搭配相應的圖像，讓嬰幼兒更容易理解「圓形、大小、長短、快慢、高低、紅色」等概念。

＊**討論故事：**

1. 在故事進行約四個跨頁後，3歲左右的幼兒逐漸能掌握情節變化的模式（知道前頁蘋果是圓的，下頁換犰狳是圓的）。此時成人可以轉變共讀方式，激發幼兒創意思考。成人讀完前頁時，暫不翻開下一頁，讓幼兒說說看，發生什麼事會轉換兩者事物的特質？（如：前頁蛇比螞蟻長，下頁換螞蟻比蛇長，螞蟻要怎樣做才能比蛇長呢？）
2. 還可以問：為什麼前頁用蘋果、犰狳；下頁也用蘋果、犰狳呢？如果把下頁換成香蕉、烏龜，這樣好嗎？（各頁皆可以此類推，幫助幼兒思考作者如何透過創作手法，形塑文本思想。幼兒也能達到作品賞析、詮釋理解的閱讀層次）

建議書單㉙

· 書名：

《小花園》

· 文/圖：赫威 · 托雷

· 出版社：上誼

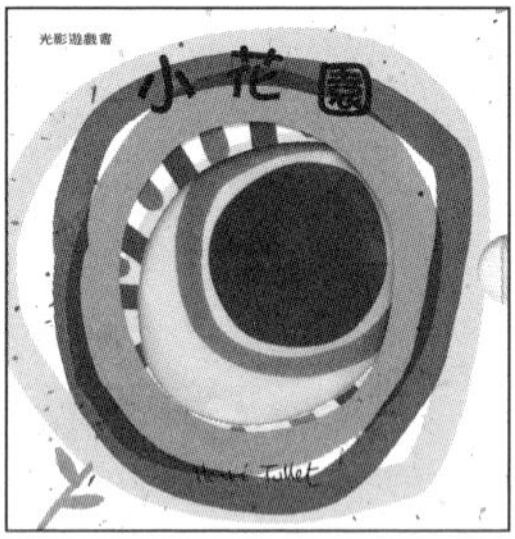

圖片提供：
上誼文化實業股份有限公司

繪本特色

這本書是《小黃點》作者赫威．托雷的另一新作。這是一本無字摺頁書，共有七頁摺頁，每一摺頁的正反面都有一朵特殊造型的花朵；在色彩上，使用了高明度、高彩度的色系；甚至在花朵的中央插入了透光的彩色塑膠片，當陽光穿透這些透明片，閱讀這本書時，會令人有亮眼繽紛的感覺，充滿視覺的美感效果。尤其是將整本書攤開來後閱讀，就好像有一座小花園簇立在眼前。

此外，作者在其中一花朵上，設計了一面鏡字，當寶寶發現自己的臉龐出現在花朵中，也會非常地興奮。

共讀策略使用

＊**引導口語互動：**這是一本無字書，雖然沒有故事情節，但每一頁都是造型多變且色彩繽紛的花朵，成人可以發揮想像力，與寶寶一起共讀這本書。例如：「你覺得這朵花長得像什麼呢？」或「這朵花有哪些顏色呢？」此外，由於這本書可以層層堆疊，可以平面攤開在地板上閱讀，也可以延展成立體的多邊形來閱讀，還可以上下顛倒著閱讀，成人也可以引導寶寶從不同角度來欣賞這本書，或甚至拿著手電筒來照這本書，始它產生光影的變化：「從這個方向看，你覺得花朵變成什麼樣子呢？花朵的顏色有什麼不一樣呢？」

＊**描述圖像細節：**《小花園》裡共有14朵造型獨特、色彩繽紛亮眼的花朵，成人可以使用各種豐富的詞彙來描述。例如：「這是一朵長得像太陽的花」、「這是一朵像棒棒糖一樣的

花，有紅色的圈圈、黃色的圈圈，還有藍色的圈圈」、「藍色的花彎彎腰，好像在跟你說謝謝」等等。

＊**加入概念性詞彙**：這本書的主題很明確，就是花朵以及顏色，在與寶寶共讀時，可以描述色彩名稱。此外，成人可以將兩頁帶有彩色塑膠片的頁面堆疊，產生混色的效果，問問孩子：「黃色的花和藍色的花疊在一起，變成什麼顏色呢？」

＊**延伸遊戲**：可以將書本中的不同顏色的塑膠片，放在寶寶手上、腳上或臉上，看看會變成什麼顏色；也可以將玻璃紙剪成各種的造型，黏貼在窗戶上，讓幼兒欣賞陽光照射進來時的光影變化。

＊**討論故事**：當寶寶有比較成熟的語言表達能力時，也可以詢問寶寶：「你最喜歡的花是哪一朵呢？最喜歡這朵花的哪裡？」

建議書單 30

· 書名：
《猜猜我在比什麼？》
· 文／圖：吉竹伸介
· 出版社：三采文化

圖片提供：
三采文化

繪本特色

本書作者為吉竹伸介，他的繪本作品風格逗趣可愛，故事題材貼近嬰幼兒的家庭生活經驗，尤其是擅長將孩子天馬行空的想法透過圖像展現出來。這本《猜猜我在比什麼》就是經典的作品之一，故事描述了一位小女孩在睡覺前找媽媽玩比手畫腳的遊戲，作者透過重複性的遊戲節奏，呈現小女孩比劃著生活中各種物件與心情的興奮表現，同時對比了媽媽怎麼努力猜也猜不到的窘迫表情。作者藉此傳達即使是年幼的孩子，也有自己對周遭環境的獨特見解與想法，成人需要予以了解及看重。因此在與寶寶共讀這本書之前，成人可以自己先猜猜看喔。

這本書的圖像以及對話設計，蘊含了許多「心智理論」的元素，適合成人引導兩歲以上孩子一起來探索。在文字部分，文本中常出現的一些心智理論的詞彙（如：猜一猜），以及需要去推測對方心智狀態的語句（如：如果媽咪猜不出來，你會生氣嗎？），在共讀時，成人可以與寶寶一起仔細閱讀小女孩的動作，猜猜看小女孩到底在比什麼呢，也可以與寶寶討論媽媽說這句話時，小女孩聽到這句話時，他在想什麼呢？

此外，這本書也使用細膩的圖像表達，來傳遞小女孩及媽媽在這「猜一猜」歷程中的情緒轉換。例如：繪本封面的小女孩，穿著睡衣，雙手拉舉著浴巾，下巴微抬、眉毛上揚，一副充滿活力，興致高昂的樣子；然而一翻開前蝴蝶頁，小孩直立站著，雙手下垂，搭配著瞇眼以及下垂的嘴角，非常不情願地讓媽媽幫她吹頭髮；接下來的頁面裡，則可以看到小女孩的各種情緒表現，像是激動、興奮、生氣、懊惱等等的情緒；直到玩累了，封底呈現出小女孩沈睡的安穩模樣。在面對小女孩各種情緒起伏的狀態，媽媽也有不同的情緒回應，包括無奈、憤怒、擔心、難為情以及平和等。成人與孩子共讀時，可以引導幼兒留意書中人物的表情、動作，協助理解這些情緒狀態以及產生原因，有助於寶寶未來理解他人心智狀態的能力。

共讀策略使用

＊**引導口語互動：**書中的小女孩運用各種創意肢體動作，比劃著「小寶寶」、「推土機」、「電風扇」等日常生活物件，成人可以引導寶寶：「猜猜看，他在比什麼呢？」也可以引導幼兒留意每一頁面故事主角的表情與動作，詢問寶寶：「你覺得他現在的心情如何呢？」

＊**描述圖像細節：**在小女孩與媽媽比一比的歷程中，兩人的情緒狀態其實是不太相同的，成人在敘說故事時，可以使用高亢的音調來描述小女來的動作與心情，在描述媽媽的部分，則可以使用較低沉和緩的語調。此外，由於小女來的肢體動

作與表情豐富多變，成人可以更仔細地描述小女來的行為表現，像是：「小女孩用大浴巾把自己包起來呢，好像一顆飯糰喔！」、「小女孩躺在地板上，手腳一直踢來踢去的……啊，原來他現在變成一個小寶寶！」

＊**加入概念性詞彙：**書中出現許多常見的生活物件，部分物件還會加上形容詞來描述小女孩比劃的物品，如「軟趴趴的青花菜」和「想要吃好多好多炸雞的心情」，成人可以透過口語或肢體輔助來解釋這些詞彙。

＊**延伸遊戲：**寶寶在一歲多時，就會開始有意識地模仿大人的動作，因此，對於年齡小的寶寶，可以先由成人做動作，讓寶寶模仿，例如：揮動雙臂像小鳥一樣飛高高；待寶寶再成熟一點後，就可以一起玩「比一比，猜一猜」的遊戲了。

＊**討論故事：**可以引導年齡大一點的寶寶思考看看：「為什麼媽媽都猜不到小女孩在比什麼呢？」以及「小女孩為什麼希望媽媽可以多了解一下她的心情呢？」

建議書單 31

· 書名：
《看，脫光光》
· 文 / 圖：五味太郎
· 出版社：信誼

繪本特色

對很多爸爸媽媽來說，每天幫小孩脫衣、洗澡、再穿衣是個耗盡心力的歷程，然而作者五味太郎使用一貫幽默、想像的手法，從小孩的角度來呈現洗澡前有趣的脫衣儀式。首先，作者以將小男孩「擬動物化」，以獅子及小熊的造型出現，代表著淘氣、頑皮的個性，還會去捉弄小貓咪。然而，作者同時也呈現小男孩順服聽話的一面，當他與小貓咪玩得正起勁的當下，聽到媽媽說：

「獅子寶寶，要洗澡囉，把衣服脫光光」，即使百般地不情願，仍想像著脫衣服也是遊戲的一部分，還是抿著嘴，輕鬆地把衣服一件一件脫下來，可說是不著痕跡地引導小小讀者練習自己脫衣服的生活自理能力。

此外，這本書裡請小孩脫衣服、洗澡的媽媽並沒有「現身」，對比小男孩的口白是以較小的字體呈現，且總是出現在頁面的下方；作者則以放大的字體讓媽媽「現聲」，且總是出現在頁面的上方，也隱含媽媽的指令必須要遵守的意涵。因此，成人與寶寶共讀時，可以留意文字的位置與內容，改變朗讀的音調，可以更加吸引寶寶的注意力。

最後，這本書也隱含了「心智理論」的概念，主角雖是小男孩，但卻從封面一開始就「偽裝」成獅子與小熊的模樣，到後來即使現出原形，卻仍以泡泡將自己變裝成獅子與小熊；文本中也出現幾句耐人尋味的句子：「獅子『心裡想』，要我脫光光，太奇怪了」、「小熊『心裡想』，要我脫光光，太奇怪了」，如果主角是獅子、是小熊，為什麼還要脫衣服呢？且當獅子衣服脫後，竟然還變成一隻熊，到底是誰要去洗澡呢？真正的主角到底是誰呢？成人可以與兩歲以上的寶寶進行討論真實與表面的不同，增進其心智理解與推論的能力。

共讀策略使用

＊**引導口語互動：**這本書的故事結構簡單俐落，搭配上逗趣的圖像，成人與口語表達能力較成熟的寶寶共讀時，可以針對文字及圖像內容進行提問：「封面的動物是誰啊？他在看什麼呢？」、「你覺得獅子想要脫衣服嗎」？、「小熊是怎麼脫襪子的？」、「小男生的身上全部都是泡泡，他變成什麼了？」。

＊**描述圖像細節：**這本書的故事從封面就開始了，成人與寶寶進行共讀時，可以先描述封面上故事主角的外型特徵；接著可以描述前蝴蝶頁與書名頁裡，獅子與小貓咪互動遊戲的情況，以及內文裡每一個脫衣服的步驟；還可以留意後蝴蝶頁裡，小男孩洗完澡，披著浴巾繼續追逐小貓咪的畫面；最後，

作者把小男孩穿過的三套衣服呈現在封底，成人可以引導寶寶觀察這三套衣服有何不同？

＊**加入概念性詞彙**：書中使用了許多服裝種類與配件的詞彙，包括背心、鈕扣、襯衫、皮帶、襪子與內褲等等，成人可以輔助使用真實的物件，來幫助寶寶理解這些詞彙的意義。

＊**延伸遊戲**：可以於日常生活中，使用遊戲與鼓勵的形式，逐步引導寶寶練習自己穿脫衣服與鞋子；也可以準備一些簡單的服飾小佩件，如帽子、圍巾、浴巾、玩具眼鏡等，或者在洗澡過程中提供沐浴泡泡慕斯，與寶寶一起玩變裝遊戲。

＊**討論故事**：可以引導寶寶思考看看：「為什麼獅子／小熊覺得要他脫光光很奇怪呢」、「媽媽是要誰去洗澡呢」、「小男孩到底穿了幾套衣服」、「你覺得小男孩喜歡洗澡嗎」、「那你喜歡洗澡嗎」？

建議書單㉜

- 書名：
  《Look! 視覺遊戲》
- 文：余治瑩
- 圖：林小杯
- 出版社：維京國際

圖片提供：
維京國際

繪本特色

《Look！視覺遊戲》全套四冊，是一套可以從0歲使用到2歲的寶寶書。內容包括適合0～1歲嬰幼兒的《黑白遊戲》與《彩色遊戲》書，這兩本聚焦在顏色與形狀的圖像變化，提供嬰幼兒黑白視覺及色彩刺激的發展需求。特別是《黑白遊戲》的N字摺設計，可以把書直立在寶寶的床頭，方便寶寶轉頭就可閱讀。《彩色遊戲》除了提供寶寶視覺的色彩刺激，本書還可以沿用到嬰幼兒3歲之後，藉由前後頁的揭曉答案設計，讓幼兒觀察事物部分與全貌的關係，並連結生活常見的動物與物品。第三本《猜一猜》以翻翻書的設計型式，讓1～2歲的嬰幼兒可以加入操作書籍的互動，文字則邀請嬰幼兒「猜一猜，這是什麼？」問句的編寫同樣也是對嬰幼兒提出參與閱讀的邀請，若嬰幼兒對動物尚未熟悉，成人只需以有節奏感的方式朗讀，就能為嬰幼兒帶來愉悅的閱讀感受；若嬰幼兒熟悉動物造型與名稱，可請他們觀察圖像的外型輪廓，猜測是什麼藏在書中。第四本《一起去兜風》的文字仍保有嬰幼兒喜歡的重複性，這些可預測的文字讓他們閱讀時更有安全感與成就感，但本書在圖文間有更精緻的設計，2～3歲的嬰幼兒需要觀察圖像安排的線索，在掌握固定的情節模式後，預測下一頁的故事發展。再者，本書內容讓嬰幼兒體驗現實與想像的趣味，漸進式的抽象思考概念幫助嬰幼兒進入之後更複雜的閱讀歷程。

共讀策略使用

＊**原文朗讀**：《彩色遊戲》為無字書的設計，為協助成人方便朗讀，筆者特別依書中圖像設計可朗讀的文字，提供帶讀成人參考，文字如下：「黑白斑，哞哞牛；黃格子，長頸鹿；黑綠紋，圓西瓜；黃黑斑紋，是大老虎；彩虹羽，小鳥；轉圈圈，棒棒糖；紅底黑點，你是誰？」

＊**引導口語互動**：《猜一猜》的文字即是疑問句，成人可依文字進行提問，發問後，需給嬰幼兒思考的時間，等待回應。《一起去兜風》的文字也同樣以疑問句邀請嬰幼兒口語互動，「你要和我去兜風嗎？」不斷重複詢問，成人也可為嬰幼兒示範不同方式的回應，如：好！我要去！一起去兜風！出發！都是可示範回應的方式。另外，文字未寫出圖中出現的動物線索，成人還可問：「你看！這裡有動物的……」、「這是什麼動物的尾巴？」、「這是什麼動物的腳丫？」

＊**描述圖像細節**：《猜一猜》雖然文字簡單，但圖像有豐富的細節可與嬰幼兒分享。成人可著重描述圖中動物的動作、

心情以及所處的環境，例如：「小兔子笑嘻嘻地用力一跳，跳過了綠色的草叢。」以及「小豬開心地在泥巴坑裡滾來滾去。」《一起去兜風》當中的動物都正在進行一件嬰幼兒也會做的事，像是吃東西、睡覺、喝水、畫畫和如廁，這些情境對嬰幼兒來說很熟悉，共讀時，成人可以加以描述：「小兔子肚子餓，牠用小碗和湯匙，自己喝湯喔！」、「小熊坐在小馬桶上，牠會自己上廁所耶！」為嬰幼兒提供圖像訊息的描述，這樣的閱讀經驗也會逐漸內化成嬰幼兒觀察圖像的習慣與能力。

＊**加入概念性詞彙**：《黑白遊戲》與《彩色遊戲》兩冊可和嬰幼兒提到色彩的概念，一邊辨認色彩的名稱，一邊連結動物與物品各自搭配的顏色，例如：西瓜皮是綠色和黑色，紅色的瓢蟲身上有黑色點點。《猜一猜》裡有各種動物移動的姿態，文字使用豐富的「動詞」字彙，在唸這些動詞時，可以和嬰幼兒一起實際用身體進行這些動作，如爬呀爬、跑啊跑、滑啊滑……。

＊**延伸遊戲**：帶著嬰幼兒觀察各種蔬菜、水果豐富的顏色變化，如蘋果的表皮不僅是紅色，還有漸層的粉紅、黃，甚至也有青色的蘋果，表面有微小的斑點，仔細觀看事物，而非概略匆促地一瞥。另外，成人也可延伸《猜一猜》與《一起去兜風》兩書中的句型模式，和嬰幼兒玩照樣造句的遊戲，如：「跳啊跳的青蛙」或「灰色的大象，灰色的大象，你要和我去兜風嗎？」可拓展更豐富的資訊。

＊**討論故事**：藉由提問，能夠幫助嬰幼兒釐清故事中抽象的概念，在《一起去兜風》中，可以嘗試和嬰幼兒討論：「小朋友的車車載了哪些動物去兜風？」、「小狗也有坐上車兜風嗎？」、「小狗在做什麼呢？」、「動物們會變大又變小，怎麼小狗沒有變呢？」

建議書單 ㉝

· 書名：

《你這麼小》

《你這麼好奇》

《你這麼愛吃》

· 文圖：弗羅希安 · 皮傑

· 出版社：親子天下

圖片提供：
親子天下股份有限公司

繪本特色

《你這麼小》、《你這麼好奇》、《你這麼愛吃》三本一套，各自以紅、藍、黃三原色為主色調，搭配刷淡的場景色彩，讓書中主角的形象更為明確，加之畫面裡的角色、物件與場景皆採用簡單的幾何輪廓造型，視覺閱讀上十分清晰。創作者運用拓印的手法讓一幕幕的紙上劇場顯得樸實可愛，色調的配置不強調新生兒的粉嫩軟甜，反而營造出孩童面對世界的率真與清朗。這樣的一套書不只適合嬰幼兒閱讀，當孩子口語能力更成熟時，書中文字搭配畫面的圖像，還能引起孩子和父母更多對話。創作者採用第二人稱「你」的敘事口吻來說故事，這樣的文字光是逐字唸讀都能讓嬰幼兒感到身歷其境的效果，好像自己就是故事的主角。當爸爸媽媽說出「你」時，就像是在對嬰幼兒自己說話，多麼有說服力。

共讀策略使用

＊**引導口語互動**：三本書各以一種動物為主角，說故事時，先幫嬰幼兒聚焦故事裡的主要角色，例如共讀《你這麼小》時，每一頁都可以詢問嬰幼兒：「長頸鹿寶寶在哪裡？」先做辨識的動作。當嬰幼兒口語能力較成熟時，成人可以提問主要角色在畫面中的位置或是正在進行的動作，像是「長頸鹿寶寶站在什麼地方？」或「長頸鹿寶寶現在正在做什麼？」這些問題一方面邀請嬰幼兒口語對話，另一方面同時也幫助嬰幼兒仔細觀察主要角色的動作與狀態。

＊**描述圖像細節**：三本書的圖像有豐富的故事性，共讀時可多描述主角與空間以及其他角色的互動情形。例如《你這麼小》的第一個跨頁，成人可敘述：「你看長頸鹿寶寶站在石頭上，牠正在看兩朵黃色的花，有一隻蝴蝶從牠的頭頂飛過。長頸鹿寶寶笑嘻嘻的，很開心。」又如在《你這麼愛吃》中，大嘴鳥沿著虛線飛，一路上吃掉許多食物，成人可以描述：「大嘴鳥的肚子好餓喔！牠飛呀飛，遇到蝴蝶，張開大口吞，好吃！牠飛呀飛，遇到蚯蚓，張開大口吞，好吃！……」利用圖像編排具有重複性與趣味性的文字訊息，提供嬰幼兒圖像與文字的雙重學習。

＊**加入概念性詞彙**：這套書在視覺設計上，每一本都有鮮明的主色調，用以引導嬰幼兒學習色彩亦是很好的工具書。當成人描述書中動物時，可將動物身上的顏色多加以說明，例如：《你這麼好奇》中，烏龜是黃色的，蝴蝶的翅膀也是黃色的，可以再問問嬰幼兒：「故事裡，還有哪些是黃色的呢？」當畫面中同時出現紅、黃、藍三種顏色時，可詳細為嬰幼兒說

明：「烏龜是黃色的、毛毛蟲是紅色的，蛇是藍色的。」同時可延伸對話至生活情境中，如：「找一找房子裡什麼是紅色？什麼是黃色？什麼是藍色？」

＊**延伸遊戲**：可利用容易握取的幾何造型積木作為蓋印章的工具，或具檢驗合格之彩色印泥及手指膏等（EN-71、CE、AP、ASTM 安全檢驗認證），都可用來做蓋印的媒材，成人可以先牽著嬰幼兒的手嘗試將各種積木的形狀蓋到紙上，讓嬰幼兒觀察顏色與形狀。當嬰幼兒對形狀的拼接有更成熟的概念時，也可引導不同形狀組合後，可以創造各種動物或物件等效果。

＊**討論故事**：提問可以依據嬰幼兒的表達能力與理解能力循序引導，逐步帶嬰幼兒從具體可見的答案邁入詮釋評論的獨立思考。如：在《你這麼小》中，可以先問嬰幼兒：「長頸鹿寶寶躲在哪裡？這裡是誰的家呢？」後續再視嬰幼兒的思考能力提出進階問題：「長頸鹿真的能躲進螞蟻的家嗎？」以及「如果能，他是用什麼方法躲進去？如果不能，為什麼畫

他躲在螞蟻的家？」最後，當嬰幼兒在思考與表達能力更成熟時，還可以問：「你有沒有躲起來過呢？你會躲在哪裡？為什麼要躲起來？」

建議書單 ㉞

· 書名：

《偷蛋龍 1：偷蛋龍》

《偷蛋龍 2：兔兔的新朋友》

《偷蛋龍 3：兔兔不愛胡蘿蔔》

· 文 / 圖：唐唐

· 出版社：小天下

圖片提供：小天下

繪本特色

「偷蛋龍與兔兔的成長歷險套書」是以小男孩兔兔作為3冊書籍的主角，作者採用孩子日常生活事件設定故事情節，從尿床、交友與偏食三項具體可見的行為，陪伴孩子覺察恐懼、克服害羞，嘗試用不同角度看世界，涓滴累積的故事養分，在孩子心中釀造出無比純粹的勇氣。3歲多的幼兒開始對故事情節變化有更多的需求，這套書籍擺脫「重複語句與情節」的特性，文圖有豐富的轉折與想像，不過，在變化之外，這套書仍然提供幼兒充足的安全感，因為主角兔兔貫穿三個故事，兔兔成為幼兒熟悉的好朋友，他們一起面對問題、解決困難。本系列套書在圖像表現上有十足的流動感，自來水毛筆勾勒出簡單卻靈活的角色造型和姿態，作者善用點綴性的線條加強角色的動感，而在角色對話框周邊的隨筆線條，則強化聲波放送的效果。細看作者電腦上色的筆觸，可見精緻的肌理紋路，高明度搭配低彩度的色彩調性，加之充分留白的畫面空間，營造柔和明亮的活潑感，這樣的圖像氛圍與文字情節融合的恰到好處，為幼兒帶來愉快的閱讀體驗。

＊**引導口語互動：**對的2～3歲的嬰幼兒來說，包尿布是熟悉的經驗，成人可以詢問嬰幼兒關於兔兔包尿布的狀態與心情，同時也了解嬰幼兒對包尿布的想法，如：「你看，兔兔的屁股上有穿什麼？」、「兔兔喜不喜歡穿尿布？」、「你有穿尿布嗎？」、「你喜歡穿尿布嗎？」

3歲多的幼兒通常有與其他孩子互動的經驗，《兔兔的新朋友》中，兔兔總是對其他孩子發出恐龍吼，成人可以帶著幼兒來思考與他人相處的方式，如：「兔兔看到在玩溜滑梯的小朋友，他大聲對小朋友吼！你看那個小朋友怎麼了？小朋友喜歡這樣嗎？」

每個孩子多少都有不喜歡吃的食物，在《兔兔不愛胡蘿蔔》中，成人可以陪幼兒一起面對不愛的食物，「兔兔不喜歡胡蘿蔔，你看，他把胡蘿蔔通通給誰吃？」、「兔兔自己種胡蘿蔔，他希望胡蘿蔔長大還是變小呢？」、「兔兔自己種、自己煮胡蘿蔔，現在他喜歡胡蘿蔔了嗎？」三本書皆可藉由簡單的口語互動，幫助嬰幼兒連結文本與自身經驗，讓閱讀深化於真實生活中。

＊**描述圖像細節**：書中有許多圖像訊息並未出現在文字故事裡，因此成人特別需要為嬰幼兒多加闡述圖像內容。例如在《偷蛋龍》中，兔兔不斷將偷蛋龍故事書藏起來，但在粉藍色的背景圖裡，作者畫出偷蛋龍故事書因何緣故回到書櫃上，成人可以說：「砰！媽媽踩到壓在故事書上面的石頭，所以就把故事書撿起來放回書櫃裡。」以及「媽媽走到陽台一看，咦？故事書怎麼在這裡？」《兔兔不愛胡蘿蔔》裡有許多兔兔想像胡蘿蔔長大的逗趣畫面，如：「哇！胡蘿蔔長得好大，要5個小朋友加上偷蛋龍一起來幫忙，大家嘿呦嘿呦，用力拔！」描述圖像細節不僅提供嬰幼兒閱讀方法的示範，同時也協助他們理解較具變化性的故事內容。

＊**延伸遊戲**：偷蛋龍是故事主角兔兔的想像朋友，如果您家的寶貝也有想像朋友，不妨和嬰幼兒聊聊他的想像朋友是什麼樣子？成人可運用蠟筆或色紙拼貼等方式，和嬰幼兒共創想

像朋友的形象。另外，《兔兔不愛胡蘿蔔》的故事裡，兔兔和老師同學一起做午餐，成人也可以帶著嬰幼兒進行簡易的餐點製作活動，像是以安全的容器乘裝食物，請嬰幼兒協助攪拌，或是利用可生食的蔬果，讓嬰幼兒自創生菜沙拉的擺盤，增加用餐的趣味性。

＊**討論故事**：雖然此系列書籍的故事情節較為複雜，但透過3歲多幼兒能理解的口語表達，也能和幼兒討論對故事的想法，例如：「兔兔用什麼方法打敗偷蛋龍？」、「我們還有什麼其他的方法，也可以打敗偷蛋龍？」、「兔兔跟他的朋友喜歡一起做哪些好玩的事？」、「兔兔本來不喜歡胡蘿蔔，為什麼後來變成喜歡胡蘿蔔了呢？」

Part 6

寶寶讀繪本 Q & A

Q1 我的寶寶對看書一點興趣也沒有，怎麼辦？

閱讀的興趣是需要慢慢培養的，且主動閱讀行為的展現也需要配合寶寶的各項發展。在視覺發展部分，約3至6個月的寶寶逐漸有分辨遠近的能力，且能夠注視移動的物品（將玩具放在寶寶眼前移動，寶寶的眼睛會注視物品並跟著移動）；而共同注意力（寶寶與成人可以透過眼神注視或者手勢共同注意一件有趣的事物，在共讀行為上則是指當成人指著繪本，或是繪本中一個有趣的圖片時，寶寶的眼神也會注視同一個地方）則在9至12個月大時開始發展。因此，與一歲以前的寶寶進行共讀時，寶寶撇頭、注意力短暫、或是爬離共讀的情境都是很正常的反應。成人可以運用製造音效、有節奏地朗讀等策略吸引寶寶閱讀的注意力。每次閱讀的時間不一定要很長，即使只有一分鐘也可以；但可以在一天內不同的時段進行共讀，慢慢引導寶寶熟悉共讀的形式，了解繪本裡蘊含著有趣的故事，寶寶就會對閱讀越來越感興趣。

Q2 唸書給6至12個月的嬰兒聽，像是對牛彈琴，要繼續唸嗎？

這個年紀的寶寶並不了解「書」的概念為何，注意力十分短暫，且與成人共同將注意力放在繪本上的能力還在發展中，因此會出現轉頭、拍書、啃書、或是把書翻過來、倒過去等行為，成人可能就覺得寶寶根本聽不懂，或是根本沒在聽。因此，對6至12個月的寶寶來說，幫助他們熟悉「繪本」、熟悉共讀的形式，是這個階段的主要目標。當共讀的活動持續地進行，透過成人的口語輸入、指圖說明等技巧，大人們若能仔細地觀察，就會注意到寶寶會開始對特定的圖像產生興趣（如：會一直去觸摸某頁面、或是翻回他喜歡的那一頁面等），且聆聽故事的專注力也會比較長。

Q3 孩子把書翻一翻就換另一本書，好像沒有認真在看？

這也是寶寶閱讀行為發展的特色之一，會把繪本當成玩具，左右翻閱、前後翻閱、甚至把書轉來轉去，丟掉再拿起來等等。確實，寶寶在探索「這到底是什麼東西」的意味遠遠多於認真閱讀，但是這也是進入閱讀的必經之路。當提供寶寶足夠探索繪本的經驗以後，他自然會明瞭繪本不是玩具，繪本中的文字與圖畫皆蘊含豐富的意義，需要仔細認真地閱讀。

Q4 共讀時，寶寶總是無法安靜坐好，怎麼辦？

寶寶開始有行為自主能力以後（爬行、走路），對於周遭環境感到好奇，進而喜歡到處遊走的現象，是再也正常不過的事情，要期待寶寶總是安靜坐著參與共讀，確實是忽略了這個階段寶寶發展上的需求與特性。因此，在共讀時，可以試著使用本書所提供各樣策略（如製造聲音效果、朗讀押韻、或者重複語句的繪本等），以及挑選有特殊設計的繪本（如翻翻書、觸覺書、立體書、或互動遊

戲書等，具有動手操作機會的書籍），來吸引寶寶的注意力。

此外，寶寶在參與共讀的過程中，會想要去摸書、翻書等（或是在團體共讀的情境，會站起來走動等），也都是正常的行為，代表他們對這本書感到好奇，成人不應將其視為搗蛋、或干擾成人共讀的行為（尤其是在團體共讀的情境），反而可以在共讀的過程中，設計一些鼓勵寶寶與書互動的機會，滿足他們對書本的探索慾望。

Q5 共讀到一半時，寶寶表現出分心行為，是否一定讀他完整本書？

寶寶的注意力本來就很短暫，因此，共讀到一半時，就離開原來的共讀情境，或是玩起其它玩具，都是可以理解的；其實，若注意觀察寶寶玩玩具的情況，也會出現玩一玩就轉移目標的情況。因此，當寶寶出現分心的表現時，成人可以指著圖片上有趣的圖案，邀請寶寶繼續參與共讀：「寶寶，你看看，這個是什麼？」或是「哇！這裡出現了一隻大熊，你來找找看牠在哪裡？」

成人可以試圖吸引注意力，但若寶寶已經表現出不想再繼續共讀的行為，則不需要強迫他非得讀完一本書，成人可以利用其他時段再繼續邀請寶寶參與共讀，強迫寶寶完成一本書的閱讀反而會讓寶寶抗拒共讀。

Q6 寶寶總是會做出撕書、咬書等破壞性行為，怎麼辦？

首先，成人需了解0至2歲的寶寶正處於皮亞傑的感覺動作期，也處於佛洛依德的口腔期，喜歡透過五官及雙手來認識這個世界，因此，看到東西就會往嘴巴裡塞，連書本也不例外。此外，寶寶雙手精細動作尚未發展成熟，因此在翻書時，無法控制其力道，所以可能一個小小的翻書動作，就把書撕毀了。在不了解寶寶發展的前提下，這些行為可能就會被視為是破壞性行為。

因此，在選擇繪本時，就要選擇裝訂牢固的書籍，或是不易毀損的材質，如布書、厚紙板書及塑膠書等。萬一寶寶真的不小心把書撕毀了，也可以帶著寶寶一起修復繪本（如使用膠帶黏合），並提醒他要輕輕地翻書，不然就沒書可看了。

Q7 選擇適齡圖書的重要性？

曾經有媽媽開玩笑地表示，當她還不了解繪本的意義與重要性時，她在挑書時通常只選擇字很多的繪本，因為繪本很昂貴，文字多一點，感覺比較划算。乍聽之下雖然覺得很有趣，但細細探究時也凸顯了，當家長或托育人員不了解寶寶發展特性時，可能會挑選到不適合寶寶閱讀的繪本，如文字太多或者情節過於複雜，可能都超出了寶寶可以理解的範圍，因而無法吸引寶寶聆聽故事的興趣。因此在挑選0至3歲寶寶的繪本時，可以參考本書第三章的選書原則。

Q8 沒空唸時，可以只播放CD嗎？

現在不少的出版社都會製作品質精良的影音媒介供家長播放給孩子聆聽及閱讀。這些媒介當然可以作為引發寶寶閱讀興趣的工具，但它無法取代親子共讀的重要性。若單單只是聆聽CD，缺乏與成人的互動，嬰幼兒很難獨立發展出語言相關能力，且親子共讀的目的不僅是語文能力的增長，更重要的是提供親子間一個互動的平台，增加親子間的情感。

Q9 我可以從哪裡獲得最新的繪本出版訊息呢？

讀者可利用博客來購書平台，在首頁左邊欄位點選〈中文書〉，進入後可看見橫列項目，如：新書、預購、即將出版……等皆可點選進入瀏覽〈童書／青少年文學〉選項，即可獲得繪本出版資訊（註⓴）。另外，定期到各大出版社官方網站或臉書瀏覽，例如：信誼、天下雜誌、小天下、小魯、遠流、台灣東方、維京、台灣麥克……等，也可獲得繪本出版訊息。當然，家長還可帶著孩子走訪實體書店或圖書館，都是蒐集新書出版的管道喔！

Q10 需要幫寶寶買書嗎？

家長或許有疑問，寶寶很快就長大了，這些內容簡單的寶寶

註⓴感謝資深讀者簡小姐幸玲（繪本收藏家）提供搜尋繪本新品的小技巧。

書可能很快就不能滿足寶寶的需求，現在買一堆寶寶書會不會太浪費？事實上，筆者並不強調家長需要添購很多寶寶書（若以收藏為目的，則是另當別論），但可從寶寶興趣與繪本材質的角度，為寶寶選購部分書籍。例如：寶寶可能特別喜歡以動物為主題的繪本，家長可帶著寶寶一起挑選，挑選時可觀察寶寶對哪些書籍較有反應。購書後，家長可告訴寶寶：「這是你的書喔！要好好愛惜、慢慢翻。」這也能建立寶寶從小愛書的好習慣。能夠擁有屬於自己的書是很棒的事喔！而且寶寶擁有多少屬於自己的繪本，也是預測未來讀寫能力的指標之一。

從繪本材質來看，可為寶寶選擇幾本硬殼書、布書或塑膠書，因為處在口腔期的寶寶經常咬書，書上容易沾到寶寶口水，即使書籍的材質易清理，但若是圖書館公共使用的書籍，家長也會有衛生上的顧慮。其他紙本書的部分，家長可以購買一些寶寶感興趣、願意重複閱讀或者很經典的繪本，亦可多利用圖書館的公共資源，一來可以廣泛閱讀各類文本、二來也節省不少費用，是很經濟實惠的好方法。

Q11 如何同時陪伴年齡不同的嬰幼兒一起共讀？

許多媽媽表示，家中只有一名寶寶時，可以花許多時間與寶寶進行共讀，但是等到第二個寶寶出生後，要同時照顧兩個小孩，就只好犧牲共讀時間；也有一些媽媽表示，即使想進行共讀，也會因為孩子年紀不同，很難挑選到適合一起共讀的書，有時反而導致手足間的爭執。

上述都是在家中進行共讀時常面臨的困擾，建議可以與小孩們先約法三章，每人挑選一至兩本想要聆聽繪本，由家長輪流閱讀，偶而也可以邀請年長的孩子讀給年幼的弟弟妹妹聽。不需過於擔心孩子會對不是他挑選的繪本不感興趣，有時透過大家一起共讀與討論，反而能夠激發不同的閱讀觀點，更深入地理解繪本中蘊含的豐富細節與意義。不過，親子共讀也是建立親密關係的重要時刻，所以偶而還是可以抽出時間，提供專屬的共讀時間。

Q12 還有哪裡可以學習0至3歲親子共讀的技巧？或是參與親子團體共讀活動？

二〇〇三年台中縣沙鹿鎮深波圖書館率先發起「閱讀起跑線」的活動，正式揭開嬰幼兒閱讀運動的序幕。信誼基金會在加入英國Bookstart聯盟後，與台中縣、台北市合作，共同推動嬰幼兒閱讀運動，並將活動正名為「Bookstart閱讀起步走」，陸續在全國各縣市、鄉鎮圖書館辦理嬰幼兒父母學習講座、贈送閱讀禮袋、舉辦嬰幼兒親子共讀活動，目的在幫助父母瞭解嬰幼兒的學習歷程，提供0至3歲嬰幼兒適切的閱讀引導，也鼓勵辦理「嬰幼兒專屬借閱證」，讓圖書館成為提倡親子共讀的最佳場域。

以台北市立圖書館為例，各分館定期辦理「開啟寶寶閱讀之門講座（6至18個月）」、「培養小小愛書人講座（18至36個月）」，以及「培養閱讀小達人講座」（3至5歲）」，提供家長認識各年齡層嬰幼兒的發展能力與學習閱讀引導技巧。建議家長多利用各地方公共資源，讓圖書館成為培養孩子閱讀習慣的好幫手。

除了各地公立圖書館豐富的資源外，台灣各地亦有長期推廣

閱讀活動的非營利組織，如：北部——社團法人中華民國貓頭鷹親子教育協會、新北市書香文化推廣協會；中部——台中小大繪本館（小大讀書會聯盟遍布全台各地）；南部——台南市葫蘆巷讀冊協會、社團法人高雄市蒲公英故事閱讀推廣協會……等。各閱讀推廣組織亦定期辦理嬰幼兒閱讀活動，這類活動通常由經驗豐富的專業說故事老師帶領，父母可透過故事老師在共讀活動中的示範，學習如何與嬰幼兒進行親子共讀，並從故事老師處獲得與嬰幼兒共讀的相關資訊，例如：指導家長如何賞析圖畫書、提供家長適齡的閱讀清單等，幫助家長學習高品質的共讀技巧。

另外，在網路資訊快速傳播的現代，家長除了從報章雜誌、書籍，獲得育兒與教養資訊，還可以從網路上瀏覽其他家長的育兒心得。其中不乏家長分享自己與寶寶共讀的心得，新手家長或可從中學到實用的共讀技巧，也能蒐集到各種繪本的書籍資訊。例如：筆者經常在個人臉書（https://www.facebook.com/profile.php?id=100000198105208）分享與各年齡層幼兒共讀的實況，有興趣進一步了解親子共讀技巧的家長或托育人員可前往筆者個人臉書（搜尋盧方方）瀏覽。

★ 盧方方臉書

https://www.facebook.com/profile.php?id=100000198105208

Q13

常常在雜誌或網站上看到名人推薦的閱讀書單，應該照單全收嗎？

專家學者或名人推薦的閱讀書單可作為家長與托育人員蒐集繪本資訊的管道之一。這類推薦書單經常會有各種主題、適齡性或獲獎繪本等相關訊息，這些都是便於家長與托育人員獲得豐富資源的好方法。但是「應該照單全收嗎？」筆者想，若您與寶寶的閱讀胃口很大，願意把書單裡介紹的繪本都一一品嘗，這當然是一件很棒的事。不過，現實中，「照單全收」是有困難的。此外，也須留意這份書單是否只反應了特定出版社的出版品，若只接受這份書單，很可能會錯過其他很棒的作品。因此，家長與托育人員需先了解各個年齡層幼兒的發展特性以及熟悉第三章的選書原則，就可以從各種推薦書單中，挑選部分內容、題材貼近寶寶生活經驗的繪本，共讀時，寶寶自然而然對書籍產生共鳴，共讀過程中的對話、互動才會自然發生，而寶寶對書籍的興趣也會在這當中一點一滴的養成。

Q14 共讀繪本是否一定要教導寶寶特定議題或價值？

首先，筆者想釐清的是，「共讀繪本」沒有「一定要教什麼」，也沒有「一定不可以教什麼」。實際上，繪本涵蓋了教育性與藝術性兩大面向，家長與托育人員可自行決定當下共讀的目的為何，而繪本某一面向的價值自然會凸顯出來。

對0至3歲的寶寶而言，因為認知、語文、社會、情緒……等尚處萌芽發展階段，所以繪本中所描述的一切都是新奇的事物。家長與托育人員只要與寶寶進行共讀，書籍中所談論的種種概念自然內化成寶寶的先備經驗，成人可以引導寶寶認識顏色、名稱、數量，也可以和寶寶分享情緒（如：開心的表情）、社會互動（如：親情或友誼），還可以利用繪本教導寶寶生活自理（如：刷牙或如廁），這些都是繪本顯而易見的教育功能，家長與托育人員當然可以自由運用。

此外，繪本更是創作者與編輯精心設計的藝術作品，每件作品並不侷限特定或單一的主題，有時甚至只是一個想像、幽默的故事。家長與托育人員與寶寶共讀時，也可以單純從每個翻頁中欣賞圖畫的藝術與享受故事的趣味，不必刻意灌輸教育目的，純粹體驗美好事物也是很重要的生命經驗呀！

Q15 我的孩子只看特定主題的書，例如：車車的書，該怎麼做？

每個人有自己的閱讀偏好是極為正常的事。對0至3歲的寶寶來說，可能因為不同的經驗而喜歡特定主題的繪本，甚至只願意看此類繪本，面對這樣的狀況，家長其實不必擔心。從正面角度想，至少寶寶願意參與共讀，這已是開啟愛閱讀的第一步。

接著，家長可在每次與寶寶共讀完他喜歡的繪本後，穿插一本其他主題的書。此時的選書就很重要，家長可先選擇情節簡單、幽默有趣的故事，最好能連結寶寶的生活經驗，或者是故事內容可進行互動的小遊戲，如：《小象散步》（親子天下）可玩疊疊樂或《小黃點》（上誼）故事本身就是一場驚喜的遊戲。慢慢「引誘」寶寶發現原來還有好多好玩的書，拓展寶寶的閱讀口味，只要家長耐心陪伴，寶寶愛閱讀的好習慣也就自然水到渠成。

〔結語〕

一直一直共讀下去，一直一直幸福下去

讀者們閱讀完這本書後，可能會在腦海中閃過一個問題，如果從嬰兒時期就和寶寶進行共讀，那到底要共讀到幾歲呢？其實親子共讀是沒有年齡限制的，筆者的孩子現在已經是小學四年級的學生，仍然會在睡前挑一本她希望聆聽的書籍，要求筆者唸一段給她聽。這並不是她自己沒有能力獨立閱讀，或是懶惰不想自己閱讀，而是她仍享受與母親共讀時的美好感覺，可以藉由書本的內容與筆者對話談天。

當然，親子共讀的方式並非是一成不變的，還是得隨著孩子年齡的增長，而改變適合孩子的閱讀方式，並挑選符合孩子年紀閱讀的書籍。例如，在孩子3到6歲之間，因其各個領域的發展能力都更加成熟了，可以挑選情節更複雜的故事，在共讀時，也可以與孩子討論故事主角的動機，行動的原因，有趣的情節，甚至一起改編故事的結局。

〔★ 繪本資訊〕

《一隻小豬與100匹狼》（三之三）。

《三隻惡狼想吃雞》（三之三）。

《今天運氣怎麼這麼好》（小魯）。

有時，可以閱讀同一位作者或插畫家一系列的作品，比較其創作元素與風格，像是宮西達也的繪本風格以幽默風趣著稱，他的幾本繪本《一隻小豬與 100 匹狼》（三之三）、《三隻惡狼想吃雞》（三之三）、《今天運氣怎麼這麼好》（小魯）等書，裡面都出現了大野狼的角色，可以請幼兒思考看看，這些繪本裡的大野狼有哪些共同的特徵。

家長、保母、或教師也可以鼓勵孩子敘說熟悉的故事給大人或其他手足聽，成人們可以觀察孩子是怎麼說的，說了什麼，是否有注意到書名、主角特徵、故事背景、重要情節、故事結局、個人看法等元素。

孩子上小學以後，家長、教師仍可持續為孩子朗讀，除了繪本外，還可以慢慢引導幼兒閱讀橋樑書（註㉑），引導孩子進入正式閱讀的階段。此外，也可以選擇特定主題的書籍，透過朗讀以及對話，不需透過說教，仍可以與孩子共同討論重要的生命議題，以了解孩子們的想法。相關資源可以參考幸佳慧的著作《用繪本跟孩子談重要的事》（如何）（註㉒）以及劉清彥《閱讀裡的生命教育：從繪本裡預見美麗人生》（天下）（註㉓）。

註㉑ 由於孩子的閱讀是有階段性的，從一開始的聆聽故事，到繪本中的圖像閱讀，最後進展到有能力閱讀文字並從中理解訊息的階段。而橋樑書（bridging books）的誕生，則是作為幫助幼兒從閱讀繪本到閱讀純文字作品的中間橋樑，相較於繪本的少字多圖，橋樑書中圖畫的比例會降低，文字的比例會增高，以幫助兒童逐步建立獨立閱讀的自信。

註㉒ 幸佳慧（2014）。用繪本跟孩子談重要的事。台北：如何。

註㉓ 劉清彥（2011）。閱讀裡的生命教育：從繪本裡預見美麗人生。台北：親子天下。

從共讀中獲得樂趣、從共讀中建立親密關係、從共讀中學習新知、從共讀中認識世界，是孩子成長歷程中不可或缺的能力，而家長與教師在幼兒學習的歷程中，扮演著重要的角色，所以從嬰兒時期就開始與寶寶共讀吧！當我們一起共讀下去，幸福也會如影隨形，延續下去。

〔★ 推薦書單表〕

編號	書名	出版社	主題
1	第一次上街買東西	漢聲	生活經驗
2	晚安，猩猩	上誼	生活經驗
3	小寶寶翻翻書	上誼	生活經驗
4	遊戲時間－躲貓貓！	上誼	生活經驗
5	我的小馬桶：男生	維京	生活經驗
6	我的小馬桶：女生	維京	生活經驗
7	幸福小雞成長書包	小魯	生活經驗
8	小熊的家	信誼	生活經驗
9	雨傘	小魯	生活經驗
10	小羊睡不著	三之三	生活經驗
11	小雞逛超市	小魯	生活經驗
12	大家來刷牙	三之三	生活經驗
13	寶寶學說話系列—喔！	小熊	生活經驗
14	寶寶學說話系列—咦？	小熊	生活經驗
15	寶寶學說話系列—你好！	小熊	生活經驗
16	寶寶學說話系列—你是誰？	小熊	生活經驗
17	米米玩收拾	和英	生活經驗
18	米米說不	和英	生活經驗
19	米米遇見書	和英	生活經驗
20	米米小跟班	和英	生活經驗
21	米米吸奶嘴	和英	生活經驗
22	小雞逛超市系列—小雞過生日	小魯	生活經驗
23	去買東西	天下雜誌	生活經驗
24	鱷魚怕怕，牙醫怕怕	上誼	生活經驗
25	看，脫光光	青林	生活經驗
26	偷蛋龍	小天下	生活經驗
27	兔兔的新朋友	小天下	生活經驗
28	兔兔不愛胡蘿蔔	小天下	生活經驗
29	不要	台灣麥克	社會情緒
30	笑嘻嘻	台灣麥克	社會情緒
31	親一親	小魯	社會情緒
32	猜猜我有多愛你	上誼	社會情緒

33	過獨木橋	阿布拉	社會情緒
34	貝蒂好想好想吃香蕉	天下雜誌	社會情緒
35	好餓好餓的魚	台灣東方	想像創造
36	小象散步	天下雜誌	想像創造
37	小象的雨中散步	天下雜誌	想像創造
38	小象的風中散步	天下雜誌	想像創造
39	然後呢？然後呢……	遠流	想像創造
40	來跳舞吧！	天下雜誌	想像創造
41	蹦！	小魯	想像創造
42	哇！	小魯	想像創造
43	張開大嘴呱呱呱	上誼	想像創造
44	紅氣球	青林	想像創造
45	一朵小雲	天下雜誌	想像創造
46	小金魚逃走了	信誼	想像創造
47	是誰在那裡呢？	青林	想像創造
48	顛倒看世界我是誰？	小魯	想像創造
49	掀開帽子	維京	想像創造
50	你是一隻獅子！跟著動物們一起做運動	天下雜誌	想像創造
51	這是誰的腳踏車	青林	想像創造
52	我的衣裳	遠流	想像創造
53	小花園	上誼	想像創造
54	猜猜我在比什麼？	三采文化	想像創造
55	你這麼小	親子天下	想像創造
56	你這麼好奇	親子天下	想像創造
57	你這麼愛吃	親子天下	想像創造
58	波波的小小圖書館	滿天星	認知學習
59	黑看白	上誼	認知學習
60	白看黑	上誼	認知學習
61	寶寶洗澡書	台灣麥克	認知學習
62	寶寶視覺遊戲布書	台灣麥克	認知學習
63	寶寶視覺感官布書	台灣麥克	認知學習
64	小波會數數	信誼	認知學習
65	一開始是一個蘋果	小魯	認知學習

66	誰大？誰小？	小魯	認知學習
67	誰裡？誰外？	小魯	認知學習
68	小波在哪裡	上誼	認知學習
69	可愛的動物	上誼	認知學習
70	好餓的毛毛蟲	上誼	認知學習
71	小黃點	上誼	認知學習
72	彩色點點	上誼	認知學習
73	棕色的熊、棕色的熊，你在看什麼？	上誼	認知學習
74	你是我的寶貝	小天下	認知學習
75	好吃的食物	上誼	認知學習
76	哇！不見了！	台灣麥克	認知學習
77	你看到我的小鴨嗎？	阿爾發	認知學習
78	變色龍捉迷藏	上誼	認知學習
79	到底是哪一個？	上誼	認知學習
80	Look！視覺遊戲	維京	認知學習
81	蔬菜躲貓貓	維京	認知學習／想像創造
82	水果躲貓貓	維京	認知學習／想像創造
83	荷花開蟲蟲飛	信誼	韻文歌謠
84	好朋友	信誼	韻文歌謠
85	螃蟹歌	信誼	韻文歌謠
86	小猴子	信誼	韻文歌謠
87	小寶貝與小動物唱遊繪本	小天下	韻文歌謠
88	寶貝手指謠	三之三	韻文歌謠
89	That's not my lion	Usborne Publishing Ltd	想像創造
90	That's not my piglet	Usborne Publishing Ltd	想像創造
91	In the Jungle…	Kane/Miller Book Pub	想像創造

筆記

共讀好好玩，用繪本啟動孩子的閱讀力！
《寶寶聽故事》增訂版

作　　者／謝明芳、盧怡方
選　　書／林小鈴
主　　編／陳雯琪
助理編輯／林子涵

行銷經理／王維君
業務經理／羅越華
總 編 輯／林小鈴
發 行 人／何飛鵬
出　　版／新手父母出版
城邦文化事業股份有限公司
台北市中山區民生東路二段 141 號 8 樓
電話：(02) 2500-7008　傳真：(02) 2502-7676
E-mail：bwp.service@cite.com.tw
發　　行／英屬蓋曼群島商家庭傳媒股份有限公司城邦分公司
台北市中山區民生東路二段 141 號 11 樓
讀者服務專線：02-2500-7718；02-2500-7719
24 小時傳真服務：02-2500-1900；02-2500-1991
讀者服務信箱 E-mail：service@readingclub.com.tw
劃撥帳號：19863813
戶名：書虫股份有限公司

香港發行所／城邦（香港）出版集團有限公司
香港灣仔駱克道 193 號東超商業中心 1F
電話：(852) 2508-6231　傳真：(852) 2578-9337
E-mail：hkcite@biznetvigator.com
馬新發行所／城邦（馬新）出版集團 Cite(M) Sdn. Bhd. (458372 U)
11, Jalan 30D/146, Desa Tasik,
Sungai Besi, 57000 Kuala Lumpur, Malaysia.
電話：(603) 90563833　傳真：(603) 90562833

封面設計／鍾如娟
內頁設計排版／徐思文　插圖／廖誼韓
製版印刷／卡樂彩色製版印刷有限公司
2015 年 12 月 5 日 初版 1 刷、2020 年 10 月 15 日增訂 1 刷　Printed in Taiwan
定價 350 元
ISBN 4717702109011

國家圖書館出版品預行編目 (CIP) 資料

寶寶聽故事 / 謝明芳, 盧怡方著. -- 初版. -- 臺北市 : 新手父母, 城邦文化出版 : 家庭傳媒城邦分公司發行, 2015.11

面； 公分. -- (好家教系列 ; SH0139)

ISBN 978-986-5752-33-0(平裝)

1. 育兒 2. 親職教育 3. 閱讀指導

428.83　　104023813